W0247394

BIRGIT BRAUNRATH

Ein Beagle namens Daria

BIRGIT BRAUNRATH

Ein Beagle namens Daria

MEIN HUND
& ICH

MIT 100 FOTOS
AUS DARIAS FAMILIENALBUM

AMALTHEA

Bildnachweis

Alle Fotos: © Birgit Braunrath und Georg Hurka, außer:

S. 13 u. 14: Beaglezucht da Casa Catarina; 86: Gertrude Tartarotti;
115: © Jürg Christandl/Kurier; 116: © Franz Gruber/Kurier;
133: Franziska Raatz; 151: Uschi Bohrn; 155: Paul Hader.

Besuchen Sie uns im Internet unter:
www.amalthea.at

© 2014 by Amalthea Signum Verlag, Wien
Alle Rechte vorbehalten
Umschlaggestaltung: Elisabeth Pirker, OFFBEAT
Umschlagfoto: Birgit Braunrath
Satz: VerlagsService Dietmar Schmitz GmbH, Heimstetten
Gesetzt aus der 11/13 Minion Pro
Printed in the EU
ISBN 978-3-85002-899-8

Inhalt

Vorwort

Große Erfolge beginnen ja oft mit einem kleinen Gedanken. In diesem Fall handelt es sich um den Drei-Worte-Satz: »Irgendwas mit Hund.« Der fiel, als wir vor einigen Jahren in der KURIER-Redaktion darüber nachdachten, was Menschen am Sonntag gerne lesen würden. »Irgendwas mit Hund« – ja, eh. Und keinesfalls »Irgendwas mit Papagei« oder »Irgendwas mit Meerschweinchen«. Katzen? Njet. Ein Hund musste es sein. Unbedingt. Wobei ich – einst Besitzerin eines Rauhaardackels namens Pauli und aktuell Hundemutter von Mimi, der spanischen Straßenhündin – es nach wie vor mit Heinz Rühmann halte: »Natürlich kann man ohne Hund leben – es lohnt sich nur nicht.«

Weil Hunde zwar eine wunderbare Sprache sprechen, aber eher weniger gut schreiben können, war ebenfalls klar: »Irgendwas mit Hund und einem Herrchen oder Frauchen, das schön formulieren kann«, muss das sein. Jemand in der Runde präzisierte: »Irgendwas mit einem lieben Hund und … Sie wissen schon.« Dann fielen noch Begriffe wie weich, treuherzig, frech, herzig, putzig.

Puh. Gar nicht so einfach. Alle wurden sehr still, alle dachten sehr nach. Irgendjemand sagte: »Hm, vielleicht doch was mit einem Hamster?« Man lachte gequält. Irgendjemand miaute. Die Stimmung drohte zu kippen.

Plötzlich, in der Talsohle dieses Nachdenkprozesses, spazierte Beagle Daria ins Besprechungszimmer, ließ sich hinplumpsen, seufzte und blickte mit Knopfaugen in die Runde. Sekunden später tauchte Hundemama Birgit auf und fragte ein wenig unwirsch: »Ist da bitte irgendwo das Tier?«

Ein Zeichen? Jawohl, ein Zeichen.

Es fiel uns wie Hundekekse von den Augen: Da sind sie – unsere Kolumnisten! Einfach so, auf vier Pfoten und zwei Beinen hereingeschlendert ins Konferenzzimmer. Superstar Daria ward geboren. Kalte Schnauze, warmes Herz – und eine ziemlich nette Frau am anderen Ende der Leine. Die noch dazu prädestiniert schien, die Gedanken eines Beagles in Worte zu gießen. Warum uns das nicht früher eingefallen war, fragten wir gar nicht mehr. Dafür feierten wir. Mit stinkigen Ochsenziemern, hochprozentigen Getränken und Würsteln für alle.

Und jetzt sage ich einfach nur: Danke. Danke an Daria für ihr unermüdliches Beagle-Sein. Danke, Birgit – für ihre unermüdliche Gabe, Hundegefühle in Worte zu fassen. Und danke an alle Leserinnen und Leser, die die Abenteuer des Duos Woche für Woche verfolgen und dieses Buch dadurch möglich machten. Zumindest bei mir wird's ein Nachtkastlbuch, das mir – stets griffbereit – an so manchem Abend gute Gedanken schenkt.

Viel Freude beim Lesen.

Gabriele Kuhn   Wien, September 2014

KAPITEL 1

Neu bei uns: Ein Hund erobert die Herzen und die Couch

Die Familie war im Ausnahmezustand. Wir redeten über nichts anderes und stritten um nichts anderes als um dieses neun Wochen alte Wesen, das verdutzt in unserem Wohnzimmer stand.

Vor vier Jahren kam Daria zu uns. Sie übernahm die Kontrolle, ohne dass sie darum gebeten hätte. Wir waren ihr sofort verfallen. Wenn sie fraß, schwiegen wir andächtig. Wenn sie spielen wollte, spielten wir um die Wette, mit wem sie lieber spiele. Und wenn sie rausmusste, schnappte jeder nach der Leine. Das hat sich schnell geändert. Die Kinder fühlten sich bald nur noch fürs Streicheln zuständig, obwohl sie einst in krakeliger Schrift Garantien abgegeben hatten, wie:

»Ich werde fast jede Früh früher aufstehen und mit Daria in den Park gehen.«

Wir hatten derartigen Scheinverträgen ohnehin keinen Glauben geschenkt. Und damals, 2010, in unseren Hundeflitterwochen, war noch alles rosig. Wir hüpften zu viert um Daria herum, als müssten wir ihr die Mutter und alle sechs Geschwister ersetzen. Nachts schliefen wir wochenlang abwechselnd bei ihr auf der Couch, tagsüber blieben wir stets in ihrer Nähe und nahmen sie überallhin mit. Wir fielen zu viert beim Tierarzt ein. Und als sie zehn Wochen alt war, gingen wir zu viert mit ihr in die Hundeschule.

Daria hat diese stressige Zeit ohne gröbere Neurosen überstanden. Und wir? Wir streiten bis heute gern über alles, was den Hund betrifft – von der Kauknochengeschmacksrichtung bis zur Körbchengröße. Derzeit haben wir übrigens ein mittelgroßes Körbchen, das in einer ruhigen Ecke im Schlafzimmer steht. Dorthin zieht sich Daria gern zurück, wenn draußen der Familientsunami tobt.

»Ein Hund kommt mir nicht ins Haus!«

Ehrlich: Ich bin kein Hundenarr. Ich bevorzuge das
selektive Mögen: Ich mag
MEINEN Hund. Ich mag
nicht ALLE Hunde. Wie
könnte ich auch alle Hunde
mögen?

Hunde stinken, wenn sie nass sind (manche sogar,
wenn sie längst wieder trocken sind oder nur den Mund
aufmachen); Hunde haben bei der Uniformausgabe der
Evolution ein Fell zugeteilt bekommen, das sie gar nicht
brauchen, sonst würden sie es nicht großzügig auf
Sofas, Autositzen und Menschenkleidung zurücklassen;
Hunde verschlingen jede Menge Geld (nicht so offensichtlich wie Finanzhaie, aber indirekt).

Es gibt keinen einzigen vernünftigen Grund, einen
Hund zu haben. Aber mindestens 10 000 unvernünf-
tige. Wie ich grundvernünftige Hundenarrenkritikerin
zu einem Hund kam? Ganz einfach: Ich habe zwei
Hundenarrenkinder. Und die stellten eines Tages kategorisch fest, dass sie ohne einen Hund nicht länger
leben, in die Schule gehen, den Müll runtertragen oder
ihr Müsli aufessen können.

Ich antwortete in einem letzten Aufbäumen, was ich
schon tausendmal geantwortet hatte: »Ein Hund kommt

mir nicht ins Haus!« Und murmelte – ganz leise – hinterher: »Außer vielleicht ein Beagle« (denn so lange ich mich zurückerinnern kann, setzt mein vernunftgetriebener Hundewiderstand aus, wenn mir so ein schlappohriger, gefleckter Miniwolf entgegendackelt).

Aus. Vorbei. Ab da fragten die Kinder im Sekundentakt: »Hast du schon einen Züchter angerufen?« Ich kapitulierte, rief eine Züchterin in unserer Nähe an und sagte, noch etwas verhalten: »Wir … suchen … einen Hund.«

Sie schnappte: »Ein Beagle ist kein Hund! Ein Beagle ist ein Beagle.« Gefolgt von heftigem Gebell, dass ein Beagle mit nichts zu vergleichen sei. Ich unterwarf mich: »Ok, wir suchen einen Beagle.«

Das war vor vier Jahren. Der Rest ist Geschichte, ein neues, sagenhaftes Kapitel unserer Familiengeschichte. Und von wegen: »Ein Beagle ist kein Hund!« – Daria bellt, haart, und stinkt, wenn sie nass ist. Kein Zweifel: Sie ist ein Hund. Der beste von allen.

Und welchen Welpen nehmen wir?

Die Erfüllung des größten aller Kinderwünsche sollte, so dachten wir, zu einer innerfamiliären Klimaerwärmung führen. Doch es folgte Eiszeit auf Eiszeit. Denn die Entscheidung, einen Hund aufzunehmen, zog viele Folgeentscheidungen nach sich, die erst in Ruhe ausgestritten werden wollten.

Andererseits: Worüber würden wir streiten, wenn wir keinen Hund hätten? Darüber, ob wir einen kriegen.

Also ließen wir uns auf das Abenteuer Hund ein. Nach der unvermeidlichen »Es wird jetzt ernst, wollen wir das wirklich?«-Debatte, die drei zu eins PRO Hund ausging (das »zu eins« war ich, die heute drei Mal täglich mit dem Hund rausgeht …), kamen die wirklich schwerwiegenden Fragen:

Rote oder blaue Leine? Die Kinder waren für rot, der Mann und ich waren für blau. Die Debatte wurde so hitzig, dass uns andere Kunden in der Zoohandlung für die verhaltensauffällige Belegschaft einer Patchwork-Reality-Soap hielten und nach RTL-2-Kameras Ausschau hielten.

Beim Regal mit den Spielsachen wurde es noch lauter: Plastikhuhn oder Grunzschwein? Wir nahmen beides, so schnell wir konnten, da diesmal die Kinder untereinander uneinig waren und wir nicht wollten, dass im Zoogeschäft Blut floss. Dann wurde weitergestritten: über die Körbchengröße, das Futterschüsseldesign, das Zeckenzangenpatent, die Kauknochengeschmacksrichtung, die Transportkäfigfarbe ...

Aber das war noch nicht alles. Der Hund sollte auch einen Namen bekommen – die Debatte darüber, ob die Wahl eine gute war, dauert bis heute an. Ganz zu schweigen vom Glaubenskrieg, den wir im Namen verschiedener Hundeerziehungsmethoden regelmäßig führen.

Und dann war da noch die schwierigste aller Fragen: Welchen Welpen nehmen wir? Die Kinder wussten es in der Sekunde, als sie Daria sahen: »Wir nehmen die hier, die Kleinste!« Die Züchterin wandte ein, sie sei nicht sicher, ob die so groß werde wie die übrigen – und riet uns ab. Aber nur kurz. Sie hatte nicht mit der Streitbarkeit der Kinder gerechnet. Die Entscheidung war längst gefallen.

Es gilt die Unschuldslammvermutung

Alles andere als ein Beagle hätte unsere Familienstruktur ganz schön durcheinandergebracht. Aber so waren wir vorbereitet, ohne es zu ahnen. Denn das Wesen des Beagles ist weiter verbreitet als der Beagle selbst: In eine Meute mit zwei selbstbewussten Kindern, die allen Erziehungsversuchen zum Trotz unbeirrbar ihren Weg gehen, fügt sich der Beagle nahtlos ein.

Auch Daria geht konsequent ihrer Wege. Allerdings mit einem Unterschied: Im Gegensatz zu den Kindern nimmt sie Kommandos gegen Abgabe von Fisch-, Lamm- oder Wildcrackern jederzeit freudig entgegen und führt diese auch mehrmals hintereinander hochmotiviert aus.

Bestechlich? Ein Fall von Anfütterung? Nicht direkt. Hier gilt die Unschuldslammvermutung: Der Hund ist einfach schlau und bringt uns bei, im rechten Moment das Richtige zu tun. Dank dieser Eigenschaft konnten wir Erwachsene Daria rasch jene Kommandos vermitteln, die für das Überleben eines Beagles von Vorteil sind: »Nein!« – »Spuck's aus!« – »Hierher!«

Die Kinder sehen das natürlich anders und bringen Daria die aus ihrer Sicht wirklich wichtigen Dinge des Lebens bei: »Gib Check!« – prompt klatscht Daria mit dem rechten Vorderlauf die ihr entgegengehaltene Kinderpfote ab. Oder: »Dreh das Licht auf!« – mit fliegenden Ohren rennt Daria auf die Stehlampe zu und hüpft auf den Schalter. Einzige Fehlerquelle bei dieser Übung: Wenn das Licht bereits brennt, dreht sie die Lampe ab. Die Kinder applaudieren und wälzen sich vor Lachen auf dem Boden. Die Meute harmoniert.

Nur ein Missverständnis müssen wir ausräumen: Unsere Entscheidung, einen Hund zu bekommen, fiel nicht zuletzt auf dringenden Wunsch der Kinder. Denn diese, so war bereits zu lesen, »stellten eines Tages kategorisch fest, dass sie ohne einen Hund nicht länger leben, in die Schule gehen, den Müll runtertragen oder ihr Müsli aufessen können«. An alle Leserinnen und Leser, die dachten, die Müll-und-Müsli-Diskussionen seien nun vom Tisch: Vergessen Sie's! Müll und Müsli verschwinden zwar – wenn wir nicht aufpassen – neuerdings wie von selbst. Doch ganz ohne Zutun der Kinder. Ein eigener Hund macht Kinder nicht pflegeleichter. Nur glücklicher.

Beagles sind stur?
Ein Klacks gegen Kinder

Man hat uns gewarnt: »Ein Beagle ist kein Hund für Anfänger.« Wir würden schon sehen, wohin wir als unerfahrene Hundehalter mit der Stursten aller Hunderassen kämen. Einen Beagle zu erziehen sei eine Aufgabe für Profis.

Die Skeptiker kannten unsere Kinder nicht – sozusagen die Beagle-Klasse unter dem Nachwuchs. Wir waren erprobt im Umgang mit Beagle-Qualitäten. Die da wären? Naja, höflich formuliert, Intelligenz, Zielstrebigkeit und Eigenverantwortung. Der Beagle hat seinen Kopf nicht nur zum Fressen (obwohl es oft so aussieht), sondern auch zum Selberdenken. Und was dabei herauskommt, das zieht er durch, unabhängig von anderslautenden Kommandos.

Wir hatten damit nie Probleme. Eher hätte man uns vor der Pubertät der Kinder warnen sollen:

Die Tochter grantelt. Eine Erziehungsintervention meinerseits stößt auf ihr Missfallen. »Du klingst schon wie so eine Mutter!«, mault sie. »Das könnte daran liegen, dass ich eine Mutter bin«,

entgegne ich. »Ja, kann sein, aber bitte nicht eine, die so erzieherisch redet.«

Der Tag darauf. Die Tochter grantelt. Diesmal missfällt ihr Darias Bummeltempo. »Könntest du bitte endlich diesen Hund erziehen?«, mault sie. »Daria ist erzogen. Sie schnüffelt nur gern an den Spuren, die andere Hunde hinterlassen haben. So viel Zeit haben wir«, erkläre ich. »Ich nicht. Ich hab's eilig. Und Daria soll jetzt weitergehen.«

Die Tochter rät zum heftigen Leinenruck und ergänzt: »Hunde gehören erzogen. Aber die Einzige in dem Haus, die das weiß, bin ich. Wenn du ihr alles durchgehen lässt, wird sie dir immer auf der Nase herumtanzen.« Darauf ich: »Du meinst, so wie du?« Sie: »Was soll DAS jetzt?«

Ich: »Du findest also, dass man Hunde erziehen sollte?«

Sie: »Sicher, ständig, die müssen gehorchen.«

Ich: »Und Kinder soll man nicht erziehen? Da klingt man gleich ›wie so eine Mutter‹?«

Sie: »Natürlich muss man Kinder erziehen.«

Ich: »Nur dich nicht?«

Sie: »Mama, ich bin jetzt zwölf, da nützt das nichts mehr.«

Ich: »Daria ist in Hundejahren doppelt so alt wie du.«

Sie: »Aber Hundeerziehung hört nie auf.«

Die Couch-Übertretung

Wundern Sie sich nicht, wenn Sie zu uns kommen und zwei Couchtische liegen mit den Beinen nach oben auf dem großen Sofa. Die ruhen sich da nicht aus. Sie haben eine Art Barrikadenfunktion. Denn Daria hat beschlossen, die Regeln unseres Zusammenlebens neu zu definieren und nimmt – wie selbstverständlich – nicht mehr auf der Hundecouch, sondern auf der Menschencouch Platz.

Ich wies sie schroff auf den Irrtum hin. Sie verzog sich, um Minuten später auf demselben Platz zu thronen. Also legte ich die Couchtische aufs Menschensofa, um es ihr möglichst unbequem zu machen (das ist zwar auch für die Menschen unbequem, aber in der Beagle-Erziehung müsse man kompromisslos sein, heißt es).

Auf die Gefahr hin, als Hundehasserin dazustehen: Ich finde, es darf Orte geben, an denen Hunde nichts verloren haben. Etwa, weil ich mich dort hinlegen will, ohne dass mir währenddessen ein Fell wächst. Der Beagle haart immer und überall. Und Menschenkleidung zieht, wie übrigens auch die menschliche Haut, Hundehaare magnetisch an. Daher gibt es bei uns hundefreie Zonen wie das helle Wohnzimmersofa.

Oder das Bett. Der verstorbene Kammersänger und Hundenarr Heinz Holecek soll ja gesagt haben: »Es gibt zwei Arten von Hundebesitzern, solche, die zugeben,

dass ihr Hund im Bett schläft, und solche, die es leugnen.« Aber da hat er mich nicht gekannt. Ich schlafe
bestens im Bett, während der Hund nebenan im Körbchen schnarcht.

Mitunter staune ich. So etwa, als wir dieser Tage mit
Darias hübscher Hundefreundin Alina einen Spazier-
gang machten, die Hunde sich im Misthaufen wälzten
und Alinas Herrl, ein gestandener Manager, seinen
Hund mit den Worten ermahnte: »Alina, wenn du
heute nicht duschst, kommst du mir nicht ins Bett!«

Aufgrund meines lautstark fragenden Blicks erklärte
er mir, dass seine Frau dies zwar nicht gern sehe, der
Hund aber im Bett einfach besser schlafe.

Daria hörte alles mit. Am Abend wollte sie ins Bett.
Ich sagte: »NEIN.« Da schlich sie zum verbotenen Sofa
und quetschte sich zwischen die beiden Couchtische.

Guter Rat ist nicht geheuer

Unter uns: Ich habe eine Schwäche für Ratgeber-Literatur. Das behalte ich aber lieber für mich, seit diese Neigung einen mehrtägigen Lachkrampf bei meinem Sohn hervorgerufen hat.

Es war vor fünf Jahren: Familienurlaub in Griechenland, luftiges Strandhaus ohne Innenwände. Plötzlich schallendes Gelächter von der Balustrade oberhalb meines Bettes. Der Sohn hat die Urlaubslektüre auf meinem Nachtkästchen erspäht: »Die kompetente Familie«, ein wunderbarer Elternratgeber des von mir sehr geschätzten Jesper Juul. Der Sohn scheint das weniger zu schätzen und hält sich den Bauch vor Lachen: »WAS? IHR ERZIEHT UNS NACH EINEM BUCH?« Seine Schwester hebt nur verächtlich die Braue. Touché! Ich packe das Buch in meinen Koffer und lese Ratgeber seither im Geheimen.

Dann kam Daria. Und mit ihr die Hunderatgeber. Nein, umgekehrt: Der Hund war noch gar nicht geboren, da türmten sich bei uns schon die Bücher: »Mit Hunden sprechen« / »Mit Hunden leben« / »Ratgeber für ein glückliches Beagle-Leben« / »Die große Welpenschule« / »Die kleine Welpenschule« / »Welpen richtig erziehen« / »Welpen richtig halten« / »Erfolg durch das Rudelkonzept« …

Wir hatten ein Rudel Bücher, noch keinen Hund und stritten bereits über dessen Erziehung. Die Kinder fanden es nämlich »urpeinlich«, sich »von Büchern Vorschriften machen zu lassen«.

Als Daria da war, folgten wir dennoch den Ratgebern: »Kein Füttern bei Tisch, damit der Hund nicht bettelt.« – Den Kindern fiel ständig das Essen unter den Tisch. »Kei-

ne Abschiedsszenen, damit der Hund lernt, dass Sie gehen und wieder kommen.« – Die Kinder machten vor der Schule täglich eine herzzerreißende Szene.

Da fand ich in einem Ratgeber den Satz: »Die Beteiligung von Kindern ist eines der schwierigsten Elemente bei der Hundeerziehung.« – Ich fühlte mich endlich verstanden. Die Kinder lachten mich aus.

Einige Tage später sah ich, wie sie über einem YouTube-Video die Köpfe zusammensteckten: »Was tut Ihr da?« – »Wir schauen nur nach, wie wir Daria ›Gib Pfote!‹ beibringen können.« – »IHR VERWENDET EINEN RATGEBER!« Mein Triumphgeheul schallte durchs Haus. Die Kinder schüttelten die Köpfe: »Nein, Mama, das ist kein Buch.«

»Ganz schön kritisch«

Aus dem Blickwinkel eines Kindes, das die Welt durch die Augen eines Hundes sieht, schaut manches anders aus, als es im täglichen Leben scheint. Ehrlicher.

Das Mädchen, das mit dem Beagle Daria groß wird, ist heute 13. Als es 10 war, widmete es seine Schul-Jahresarbeit dem Thema Hund & Mensch. Es schrieb Beiträge über Domestizierung und Hundeerziehung, über die Rollen von Hunden in Filmen und über seine Gefühle, als Daria zu uns kam. Der Deutschlehrer war sehr zufrieden, hatte aber einen Wunsch: Ob das Mädchen denn noch einen weiteren Beitrag verfassen könne – über das Familienleben aus der Sicht von Daria?

Das Mädchen konnte. Und ließ sich von Daria einflüstern, wie die sich fühlte:

»Heute ist mein 10. Tag bei der neuen Meute. Ich habe meine Mama immer noch nicht gefunden und langsam denke ich auch nicht mehr, dass ich sie je wiedersehen werde. Eigentlich sind diese Leute aber ganz nett, und ich glaube, dass ich mich daran gewöhnen könnte, hier zu leben.

Ich wachte heute, wie an jedem Tag, durch einen ohrenbetäubenden Piepston auf. Die große, nette Frau rollte sich bei dem Lärm, wie immer, in ihrem großen Körbchen herum und stieg dann langsam heraus. Danach ging sie eine steile Stiege nach oben. Ich wundere mich immer, wie sie da raufkommt. Denn wenn ich raufgehen will, ist ein Gitter davor, das die Frau irgendwie öffnen kann, ich aber nicht. Als sie oben war, raunzte dort jemand, wie immer. Nach einiger Zeit kamen der Bub und das Mädchen herunter. Zuerst rannten sie auf mich zu, wie immer, dann quietschen sie wahnsinnig laut und drückten mich zusammen. Eine riesige Aufregung …«

So ging das dahin: Daria diktierte dem Mädchen Satz für Satz, wie anstrengend das Zusammenleben mit den beiden Kindern für sie sei. Der Deutschlehrer fand den Beitrag sehr gelungen, merkte jedoch an: »Ganz schön kritische Sicht auf die lauten Kinder ;-)«

Das Mädchen nickte zustimmend –, um sich bei nächster Gelegenheit erneut »quietschend« auf den kleinen Hund zu stürzen und ihn wie wild zu drücken. Daria nahm das wohlwollend zur Kenntnis. Inzwischen hat sie sich längst daran gewöhnt, dass in ihrer Meute Platz für alle ist: die Lauten und die Sehr-Lauten, diejenigen, die sie mit Liebe überschütten, und die, die sie vor lauter Liebe fast zerdrücken.

KAPITEL 2

Alltag mit Hund: Der ganz normale Ausnahmezustand

Wie es mir geht? Fragen Sie lieber nicht. – »Wie der Hund will«, könnte ich darauf antworten. Aber wer würde schon zugeben, dass sein knapp 40 Zentimeter hohes Lieblingstier das ganze Haus auf den Kopf stellen kann?

Wer einen Hund hat, weiß die Wahrheit. Der Alltag ist nie alltäglich.

Ob eine Zeckenbrut uneingeladen im Wohnzimmer Platz nimmt, ein neuer Duft – Marke Misthaufen – das ganze Haus durchzieht oder der Hund stundenlang unauffindbar ist: Der Tag lässt sich planen, richtet sich dann aber nicht nach dem Plan, sondern nach dem Hund.

Der Ausnahme- wird zum Normalzustand. Und alle lernen dabei (im Idealfall), flexibel zu bleiben, Konflikte zu lösen und zusammenzuhalten oder (in der Realität), dass man auch stinkend, zeckenlarvenübersät und sogar, wenn man mit achtstündiger Verspätung ohne Entschuldigungsgrund heimkommt, in unserem Wohnzimmer willkommen ist.

Kleine Wutausbrüche meinerseits nicht ausgeschlossen. Aber das beeindruckt Daria ebenso wenig wie die Kinder. Sie berufen sich aufeinander, wenn sie Mist bauen, und verlassen sich aufeinander, wenn sie ein Alibi brauchen. Unser ganz normaler Ausnahmezustand ist kein Dauerkarneval. Aber er macht Spaß. Immer wieder.

Wer hatte die Idee mit dem Hund?

Der Hund ist kaputt. Mein Mitleid hält sich in Grenzen.

Ich bin selbst kaputt, habe Hüftschmerzen, Blasen und einen Sonnenbrand auf der Nase.

Ich kann kaum stehen. Der Hund kann nicht einmal aufstehen: Sobald er sich vorne aufrichtet und die Hinterbeine belasten will, fällt er winselnd auf den Bauch. Mein Mitleid regt sich. Ein wenig. Sagen wir, es hält sich jetzt in den Grenzen von Andorra.

Der Hund schaut mich an. So wie nur Hunde schauen können. Der Blick hätte selbst die Gefängniswärter von Alcatraz vor Mitleid kapitulieren lassen. Also mobilisiere ich die letzten Kräfte und trage das Vieh zur Tierärztin. Dort knurre ich: »Der Hund kann nicht mehr stehen« (was eher ungewöhnlich für einen kerngesunden Beagle ist). Also bin ich gezwungen, die folgende Geschichte zu erzählen:

Bei der Vormittagsrunde in den Weinbergen beschloss Daria heute, eigene Wege zu gehen. Ich wollte diesen spätpubertären Ausbruchversuch nicht einfach hinnehmen und suchte sie. Mehr als sieben Stunden, bergauf und bergab.

Sie war nirgends. Auch nicht auf dem Parkplatz, wo wir die Runde begonnen hatten.

Ich suchte die nahe gelegene Bahntrasse ab, blieb im Gestrüpp stecken und fragte mich zwischendurch, wer

die blöde Idee gehabt hatte, einen Hund anzuschaffen. Ich rannte und rannte. Keine Spur vom Hund. Gegen fünf kamen die Kinder aus der Schule nach Hause und riefen an: »Daria kommt gerade allein heim, wo bist DU?«

Keine Ahnung, wie Hunde aus allen Himmelsrichtungen immer wieder ihren Weg nach Hause finden.

Die Tierärztin schmunzelte nur; stellte weder Beinbruch, noch Hüftluxation fest, sondern lediglich »vollständige Erschöpfung mit Muskelverhärtungen, die zu eingeklemmten Nerven führen können«.

Dann sagte sie freundlich: »Ich weiß, Sie sind derzeit nicht besonders gut auf Ihren Hund zu sprechen, aber Massagen entlang der Wirbelsäule würden helfen.« Wie bitte? »Ich soll den Hund jetzt auch noch massieren? Sicher nicht. Ich schieße ihn auf den Mars.«

Die aus lauter Sorge mitgekommenen Kinder staunten: »Wieso auf den Mars? Uns schießt du doch immer auf den Mond?« – »Weil der Mond zu nah ist, da findet Daria im Nu heim.«

Warnung vor dem Beagle

So, jetzt aber endgültig genug geschwärmt von Daria und ihren Artgenossen. Kommen wir nun zu den harten Fakten – ehe da draußen Hunderte von Beagles herumrennen, die die Erwartungshaltung von Herrchen und Frauchen enttäuschen.

In den USA steht an dieser Stelle immer: »Don't try this at home!« Frei übersetzt: »Nicht zur Nachahmung empfohlen!« Anders formuliert: Das Leben mit einem Beagle liest sich hier leicht, ist aber eine Aufgabe, der sich – im echten Leben – nicht jeder stellen will.

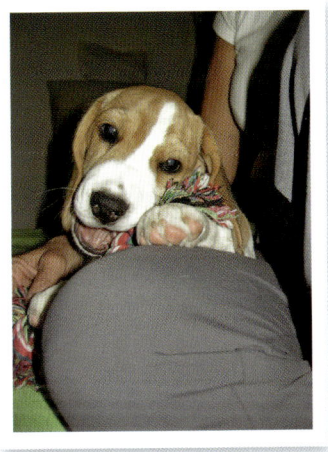

Wahrheit Nummer eins: Der Beagle ist ein Laufhund. Mit Betonung auf LAUF. Zwei Stunden am Tag sind Pflicht, drei Stunden Kür, vier Stunden besser – und nach sechs Stunden ist immer noch damit zu rechnen, dass der nur scheinbar erschöpfte Hund eine Fährte aufnimmt und weg ist.

Womit wir bei Wahrheit Nummer zwei wären: Der Beagle liebt zwar seine Meute, doch wenn sich Herrchen und Frauchen partout weigern, mit schrillem

Spurlaut hinter einem Reh oder Hasen herzulaufen, tut er das eben alleine.

Wahrheit Nummer drei: Der Beagle will weder in die Hundehütte noch in den Keller. Er will bei seinen Menschen sein. Möglichst immer. Möglichst nah (außer ein Reh oder Hase läuft ihm über den Weg, siehe oben).

Wahrheit Nummer vier: Der Beagle ist kein Revierverteidiger. Kommt ein Einbrecher mit freundlicher Stimme, wird dieser schwanzwedelnd begrüßt. Hat er eine Knackwurst dabei, wird er umgehend adoptiert.

Und damit sind wir bei Wahrheit Nummer fünf: Der erwachsene Beagle hat immer Appetit und keine Fresshemmung. Hie und da verbeißt er sich sogar in den Kauknochen eines Berner Sennenhundes, obwohl der Knochen größer ist als er selbst – und übergibt sich zum krönenden Abschluss, ohne Rücksicht auf den Untergrund (Respekt für Perserteppiche ist ihm trotz hoher Intelligenz nicht anzuerziehen).

Da fällt mir die Warnung einer Bekannten ein: Als sie hörte, dass wir einen Beagle bekommen, rief sie: »Macht das nicht! Der frisst euch die Biedermeiermöbel an!« Wir bekamen  den Beagle trotzdem, hatten aber nie Probleme mit den Biedermeiermöbeln. Wir haben nämlich keine.

Der Hund stinkt zum Himmel

Daria schläft. Etwa zwei Meter entfernt von mir. Dem Geruch nach zu schließen, müsste sie deutlich näher liegen. – Und »Geruch« ist noch ein sorgsam gewählter Ausdruck für das, was der Hund derzeit olfaktorisch absondert.

Daria trägt ein neues Parfum. Duftnote: kaputte Kröte, zart angegammelt. Darin hat sie sich auf unserer Vormittagsrunde ausgiebig gewälzt.

Nur so viel: Die verbale Beurteilung dieses extrem aufdringlichen neuen Dog-Damendufts sprengt mein Sprachrepertoire. Ich krame nach Worten, die dem Grauen gerecht werden; ich krame nach Atemschutzmasken vom letzten Ausmalen.

Keine Übertreibung. Wir reden hier nicht von leichten Moschus-Anklängen, sondern von der Duftwolke einer vorbeiziehenden Herde brünftiger Moschusochsen, die sich kollektiv in Exkrementen unbekannter Herkunft gewälzt hat.

Naheliegende Lösung: Der Hund kommt in die Dusche. – Das sagt sich so leicht. Dazu braucht man mindestens acht Hände (Daria würde sich der Dusche oder Badewanne nicht einmal dann freiwillig nähern, wenn dort ein gebratenes Wildschwein auf sie wartet).

Warum aber wälzen sich Hunde überhaupt in Aas? Manche Hundeexperten vertreten die These, dass dieses

Einreiben von Nacken und Rücken den Eigengeruch überdecken und so beim Aufspüren von Wild helfen soll. Martin Rütter, der »Hundeprofi«, vertritt in seinen Seminaren die Ansicht, es handle sich nicht um »Tarnung« für die Jagd, sondern um Parfümierung für die Jagd nach dem anderen Geschlecht.

Deshalb übersetzt Rütter im Langenscheidt-Sprachführer »Hund-Deutsch/Deutsch-Hund« das Wälzen in Aas so: »Hallo, Hundewelt. Wer hat das tollste Parfüm?« – Also unser Hund sicher nicht! Zumindest nicht nach menschlichem Ermessen.

Daria ist jetzt wach. Alle Familienmitglieder halten Abstand, sogar die, die Schnupfen haben. Sie fiept. Was, übersetzt von »Hund« auf »Deutsch«, so viel heißt wie: »Einmal streicheln, bitte!« Keiner reagiert. Das neue Parfüm macht einsam. Darias Herrl hat Mitleid und krault sie. Alle anderen halten Abstand. Jetzt auch von ihm.

Von der Hündin zur Wirtin

»Wir brauchen SCHUTZ-ANZÜGE!«, brüllt der Sohn und springt auf die große Couch, die einzige hundefreie Zone im Wohnzimmer. Nackte Panik. Buchstäblich. Er hat sich die Kleider vom Leib gerissen.

Daria liegt erschöpft auf der Bank nebenan. Sie hebt nur kurz den Blick und macht ihre Plissee-Stirn. Ihr sind die Hunderte Zeckenlarven in ihrem Fell egal.

»ZECKENSHAMPOO SOFORT!«, kommandiert der junge Mann auf der Couch. Den Hinweis, dass es das nicht gebe und wir es hier nicht mit Läusen zu tun hätten, überhört er.

Es ist ein guter Jahrgang. Zumindest aus Zecken-sicht.

Obwohl wir Vorkehrungen getroffen haben, dass die Zecken Daria in Ruhe lassen, bringt sie täglich einige aus dem hohen Gras mit nach Hause. Damit konnten wir ganz gut leben. Bis sie – auf einem eigenmächtig unternommenen kleinen Pfingstausflug – einer fri-schen Zeckenbrut begegnet ist.

In der dürfte sie sich freudig gewälzt haben, und so wurde aus der Hündin eine Wirtin. Nicht eine für drei oder vier Zecken, sondern für 300 oder 400. Und da hatte selbst unsere stadtbekannte Gastfreundschaft ihre Grenzen. Wir ließen Daria und ihre mitgebrachte Krabbelstube nicht ins Haus. In drei Durchgängen klaubten wir die kaum einen halben Millimeter kleinen Parasiten-Babys aus ihrem Fell (entschuldigen Sie mich bitte kurz, ich muss mich kratzen).

Danach dachten wir, der Hund sei weitgehend zeckenfrei und den zartbesaiteten Kindern wieder zuzumuten. Wir ließen Daria ins Haus. Doch der Sohn entdeckte auf einen Blick das große Krabbeln.

Mit bebender Stimme erzählte er, dass er in Biologie einen Film über einen brütenden Albatros gesehen habe, in dessen Nest Hunderte Zeckenlarven aus ihren Eiern geschlüpft waren. Nicht nur der Albatros, auch dessen Junge wurden zu Wirten dieser Zecken …

Da stieg auch in uns das Grauen hoch.  Wir schritten zum Alleräußersten: Wir stellten die wasserphobische Daria in die Wanne und duschten sie so lange, bis sie wieder alleine war. Vorteil für Daria: Der solchermaßen traumatisierte Hund bekam für den Rest des Tages Extrastreicheleinheiten. Gravierender Nachteil für uns: Nasser Hund stinkt. »Wir brauchen ATEMSCHUTZMASKEN!«, rief ich und sprang auf die Couch. Der Sohn erkannte sich in der Parodie wieder und knurrte: »Danke, Mama, verarschen kann ich mich selbst.«

26 Minuten.
Und keine Sekunde länger

Die Tochter liegt mit der Stoppuhr auf der Lauer. Sie misst heute nicht, wer länger unter Wasser bleiben kann, sondern wie lang der Bruder mit dem Hund rausgeht. Tags darauf könnte man ja selbst an der Reihe sein.

Es ergeben sich exakt 26 Minuten. Und tatsächlich: Am nächsten Tag wird die Tochter freundlich ersucht, 30 Minuten mit Daria rauszugehen, worauf mitten in den Ferien ein Entrüstungsunwetter losbricht:

30 Minuten seien eine völlig überzogene Forderung. Insbesondere nach der gestrigen Mini-Runde des Bruders. Maximal 26 Minuten werde sie den Hund hinausführen. Und keine Sekunde länger.

Exakt 25 Minuten und 30 Sekunden später fällt unten das Eingangstor lautstark ins Schloss. Was so viel heißen soll wie: »Wir sind zurück. Nur damit du's weißt.«

Daria sprintet die Stufen in die Küche hinauf, so übermütig, als könne sie eine große Runde Auslauf vertragen. Wenn ich vormittags eineinhalb Stunden mit ihr in den Wald gehe, ist sie danach deutlich müder. Ich werde später noch einmal mit ihr rausgehen. Nicht jetzt. Denn so schafft man Präzedenzfälle, das weiß ich. Und heuer bin ich entschlossen, wenigstens die kleine Nachmittagsrunde während der Ferien an die Kinder zu delegieren. Nicht wieder aufzugeben und selber zu gehen, nur weil sie ein paar Gegenargumente vorbringen, wie:

Es ist zu heiß. Es ist zu kalt. Ich hab keinen Bock. Vor zwei Stunden hätt' ich Bock gehabt. Es schüttet …

Das Stoppuhr-Kind probiert es sogar mit der Taktik: »Ich wollte doch gar keinen Hund« und schiebt alles auf den Bruder. Der bekommt das irgendwann mit, schaut durchdringend und brummt im tiefsten verfügbaren Drohbariton: »Wieso sagst du zur Mama, dass nur ich den Hund wollte?«

Das Stoppuhr-Kind grinst, eher verlegen als amüsiert, nimmt schweigend die Leine und geht ab. Der Hund folgt auf dem Fuß.

Tags darauf ist wieder der Bruder an der Reihe. Seine Ausrede lautet diesmal: »Es regnet.« Aber er hätte da eine Kulanzlösung: »Mama, kannst du Daria und mich mit dem Autor führen? Ich halte sie beim Fenster raus, wenn sie muss.« Das Nein spare ich mir und drücke ihm die Leine in die Hand.

Ein Hund hört rot

Daria bringt nicht nur uns Menschen an unsere Grenzen. Es geht auch umgekehrt: Schulbeginn bedeutet für sie, als Zaungast, eine Woche Leben am Korrekturrand des Nervenzusammenbruchs:

»A4, kariert, 40 Blatt, OHNE Korrekturrand!« – »Welcher Einband?« – »Orange, nein ROT!«

Ein Hund hört rot. Daria will sich die Schlappohren zuhalten. Menschen brüllen durcheinander, prügeln sich um das letzte Heft, A4, 20 Blatt, liniert, mit Korrekturrand (darunter liegen noch vier Kartons in Reserve …).

Es war vielleicht nicht die beste Idee, den Besuch der Papierhandlung mit der Hunderunde zu koppeln. Daria fliegen die Ringmappen um die Ohren. Wir flüchten.

Zu Hause findet der Nervenkrieg seine Fortsetzung. »Die rote Mappe für Chemie!« – »Welche Einlageblätter?« – »Kariert ohne Korrekturrand … Verdammt! Die Mappe hat vier Ringe, sie darf aber nur zwei haben.« – »Vier Ringe soll doch die Mathe-Mappe haben?« – »Ja, aber in Blau. Doch nicht in Rot!« – »Stimmt, rot mit vier Ringen war Französisch, für deinen Bruder!« – »Zu spät, jetzt steht schon CHEMIE drauf!« – Lösch es weg!« – »Das geht nicht. Ich hab's mit Permanent-Marker hingeschrieben.« – »Doch, das geht! Versuch's mit Nagellackentferner!«

Daria hört rot und riecht Aceton. Zuerst wurde aus unserem Haus eine Art Zweigstelle der Papierhandlung, jetzt riecht es hier auch noch wie im Drogeriemarkt. Ihr reicht es.

Sie geht in die Küche, um nachzusehen, was sich unauffällig entwenden ließe. Aber dort, wo normalerweise die Essensreste liegen, liegen nur die Abschnitte der Bucheinbindeschlacht. Daria kommt in die Kinderzimmer zurück und kaut auf einem Schnellhefter. »NEIN!«, brüllt das Kind, »das ist ENGLISCH.« Englisch? Daria kommt das alles spanisch vor. Sie hat den Eindruck, dass das Vokabular ihrer Familie seit dem Ferienende auf ein Wort geschrumpft ist: »NEIN« mit Rufzeichen.

Plötzlich ein Schrei: »Das Physikheft soll keinen Korrekturrand haben, es hat aber einen!« – »Dann muss noch einmal jemand in die Papierhandlung gehen!« Daria macht sich ganz klein. Sie sicher nicht.

Fehltritt mit Folgen

Der Verband war lila, mit blauen Hundepfoten bedruckt. Statt der süßen Pfoten-Aufdrucke hätten wir lieber eine unversehrte echte Hundepfote gehabt und diese Geschichte hier 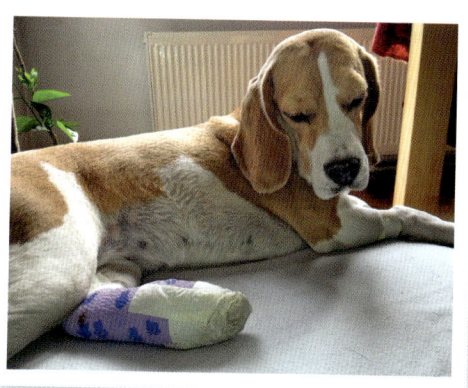 nicht geschrieben. Aber das Leben schreibt eigene Geschichten. Oder, wie Verbalesoteriker gern predigen: »Leben ist das, was passiert, während wir andere Pläne dafür haben.« Vor einer Woche war es wirklich so.

Kurz vor Redaktionsschluss der Daria-Kolumne schrieb ich an die Kollegen, die schon auf den Text warteten: »Ich gehe mit Daria eine kurze Runde und schreibe dann gleich.« Doch aus der »kurzen Runde« wurde ein langer Tierarztbesuch.

Daria spielte mit ihrer Beagle-Freundin Anna am Bach und kam plötzlich mit einem tiefen Schnitt an der Hinterpfote angehumpelt. Eine Glasscherbe? Eine alte Blechdose? Sinnlos, den Hund zu befragen. Die Wunde blutete stark.

Ich rief die Tierärztin an. Die wollte gerade die Praxis schließen, sagte aber, sie warte auf uns. Ihre Assistentin war schon weg. Unschwer zu erraten, an wem der Blick der Tierärztin hängen blieb, als sie nach helfenden Händen bei den Näharbeiten an Darias Bein suchte: »Halten Sie's aus?«

»Sie meinen, ob ich Blut sehen kann?«, fragte ich. Sie nickte und sagte: »Wir könnten nur eine leichte Narkose geben und mit Lokalanästhesie arbeiten, wenn Sie den Hund halten.«

Den Hund halten? Als Hundehalterin werde ich wohl meinen Hund halten können. Egal, wie viel Blut da spritzt. »Sicher halte ich das aus«, tönte ich – ein bisschen zu forsch. Denn ich habe in den darauffolgenden 25 Minuten mehr als nur Blut gesehen und mehr, als ich je sehen wollte.

Als alles vorbei war, fragte ich, ob es tatsächlich Hundehalter gebe, die beim Zuschauen umkippen. Die Tierärztin erzählte: »Bei meinem ersten Dienst alleine ist es passiert.« Sie schilderte, wie der stehende Mann plötzlich auf dem Boden lag und sein eben noch liegender Hund, halb zugenäht, neben ihm stand. »Da musste ich mich um beide kümmern und war völlig überfordert. Heute weiß ich, was zu tun ist«, lachte sie.

Ich fragte lieber nicht nach, was zu tun wäre, und konnte auch nicht mitlachen. Daria war inzwischen wieder auf den – drei funktionierenden – Beinen und tapste zur Futterschüssel. Da lachte ich doch. Aus Erleichterung.

Vertrauensbildende Kekse

Nicht jede Liebe beruht auf Gegenseitigkeit. Manch eine schlägt in Misstrauen um. Und ganz selten geschieht ein Weih-
nachtswunder, und aus Misstrauen wird erneut Liebe.

So war das mit Daria und den beiden netten Tierärztinnen, deren Praxis nur wenige Schritte von uns entfernt liegt. Anfangs wollte Daria dort am liebsten täglich einkehren. Denn es gab selbst gebackene Hundekekse und Extraportio-
nen Ohrenkraulen. Das bisschen Krallenschneiden und Impfen nahm sie dafür gern in Kauf.

Dann kam die Schnittverletzung am Hinterlauf. Und Daria fand das Nähen, trotz aller Kunst der Lokalanästhesie, unverzeihlich. Ihre Liebe zu den Tierärztinnen erlosch.

So oft wir in die Nähe der Praxis kamen, zog sie mit Bärenkräften an der Leine, um die Straßenseite zu wechseln. Und ich sah, dass sie heftig zitterte und an Sekunden-Haarausfall litt. Diagnose: Tierarztphobie. Therapie: Anfütterung.

Die Tierärztinnen rieten uns, so oft wie möglich mit Daria zu Besuch zu kommen – nur auf eine Extraportion Hundekekse und Ohren-kraulen (nennen wir das – im Sinne der Compliance-Regeln – lieber nicht »Anfütte-rung«, sondern »vertrauensbildende Maßnahme«).

Es funktionierte nicht.

Daria fraß zwar die Kekse, bildete aber kein Ver-trauen mehr. Sie zitterte weiterhin, sobald wir in die Nähe der Praxis kamen. Krallen schneiden und Impfen fand, wenn überhaupt, nur noch im Vorraum – unter Verabreichung vertrauensbildender Kekse – statt.

Daria wurde begrüßt wie eine Prinzessin. Aber sie wollte nur eines: RAUS!

Doch jetzt, ausgerechnet am Tag vor Weihnachten, geschah das Wunder: Sie ging zum ersten Mal wieder freiwillig durch die Tür – und sogar bis in den Behand-lungsraum. Sie verkostete die neue Hundefutterpro-duktpalette und nahm dabei sogar Platz, ohne Flucht-tendenzen zu zeigen.

Dann aber kam das Weihnachtsgeschenk der netten Tierärztinnen: Selbst gemachtes Bio-Hundeshampoo. Daria machte ihre runzeligste Plissee-Stirn. Und ich erklärte höflich, dass unser Hund nur eines noch weni-ger mag als Tierarztbesuche, nämlich Dusche und Badewanne. Da versteckten sie schnell das Geschenk, ehe die wieder entflammte Liebe erneut erlosch. Und Daria bekam stattdessen eine Reisetrinkflasche.

KAPITEL 3

Lieblingsspeisen: Viel. Mehr. Am meisten.

In Lichtgeschwindigkeit lässt Daria Nahrung und nahrungsähnliches Material verschwinden, ohne je einen Gedanken an ihre Bikinifigur zu verschwenden. Man hat das Gefühl, einem Trickbetrug aufzusitzen, wenn man dem Beagle eine volle Futterschüssel hinstellt, sich für Sekundenbruchteile umdreht – und plötzlich vor der leeren Schüssel steht. Aber es ist kein Trick. Es ist die im Beagle eingebaute Staubsaugerfunktion – über Jahrhunderte gelerntes und gezüchtetes Verhalten.

»Verfressen« wäre dafür ein böses Wort. Der Beagle ist nicht verfressen. Er is(s)t nur vernünftig. Denn erstens hat er keine Ahnung, wann es wieder etwas zu essen gibt, also schlägt er zu, solange es geht. Und zweitens hat er keine Ahnung, welches Meutemitglied sich als Erstes auf seine Essensreste stürzen wird, also sorgt er dafür, dass es keine Reste gibt.

Im Ferienhaus hatte Daria eines Tages einen halben Wecken Weißbrot im Maul, als sie von einem ihrer Ausflüge aufs Nachbargrundstück zurückkehrte. Ich wunderte mich, wo sie in dem unbewohnten Rohbau fri-

sches Brot gefunden hatte, und nahm es ihr weg. Als ich gegen Mittag hörte, dass die Bauarbeiter auf dem Nachbarsgrund vergeblich ihr Jausenpaket suchten, lud ich sie spontan zum Essen ein. Den Brotwecken versteckte ich.

Daria nimmt nicht nur Fremden ihr Essen weg. Auch die eigene Meute muss schauen, wo sie bleibt. Oder wo ihre Schokonüsse, Weihnachtskekse und Geburtstagstorten bleiben. Wenn diese nicht beaglesicher versperrt sind.

Liebesgruß aus der Küche

Die Weihnachtszeit fängt ja gut an. Besuch bei Eva, der Züchterin, Darias Reserve-Mama. Sagt die doch glatt zur Begrüßung: »Ein bissi zu dick ist die Daria.«

Kein Wunder, denn Darias Herrl betritt jedes Jahr im Advent zum ersten Mal im Jahr die Küchenbühne und bäckt dann Kekse bis zum Abwinken. Hat dabei aber leider nicht die Routine, seine Werke aus Darias Aktionsradius zu entfernen, bis diese zum Verzehr durch die Meute freigegeben werden.

Und so hielt Daria die zum Trocknen aufgelegten Butterkeksherzen, halbseitig zartbitter-glasiert, für einen (Liebes-)Gruß aus der Küche.

Denn erstens bäckt ihr Herrl die Zartbitter-Butterkekse prinzipiell in Tannenbaumform und jedes Jahr nur ein Extra-Blech mit Herzen, für die, die er liebt. Das weiß Daria – und fühlt sich angesprochen. Wen könnte der Mann mehr lieben als sie?

Und zweitens kann man einen 70 cm hohen Esstisch aus Sicht eines 40 cm hohen Beagles wahrlich nicht als ernst gemeinten Keks-Safe betrachten. Also fand der schlaue Hund rasch einen Weg zu den Schokoherzen und griff herzhaft zu.

20 Stück waren verschwunden, als der Weihnachtsbäcker auf den Plan trat, um die Kekse einzudosen. »DARIA!!!«, brüllte er. Wir rannten herbei. Aus allen Zimmern.

Daria hatte inzwischen würdevoll den Abstieg vom Esstisch angetreten und schaute ein bisschen so drein, als wollte sie sagen: »Darf ich euch im Gegenzug ein paar von meinen Schweinsleber-Amarant-Crackern aufwarten?«

Wir lehnten dankend ab.

Schmatzgeräusche im Schlaf

Ich verrate hier und jetzt meine größte Schwäche: »Schoko Paranüsse Noir«, edle Nüsse im Zartbitterkleid. Aber eines verrate ich NIENIE: Wo ich sie versteckt habe. Denn sobald mein Hund das liest, sind sie weg.

Wobei: Die Nüsse müssen schon sehr gut versteckt sein, damit der Hund überhaupt an sie herankommt, bevor die Kinder sie entdeckt und verspeist haben. Als Mutter zweier Halbwüchsiger mit ausgeprägter Motivation, Süßigkeiten zu vernichten, noch ehe sich diese bei uns heimisch fühlen, bleibt mir meist kein Stück vom Kuchen.

Denn ich esse Süßes nicht nach Verfügbarkeit und auf Vorrat, sondern nur, wenn ich Lust darauf habe. Mit dem kleinen Säckchen »Schoko Paranüsse Noir« komme ich locker drei Wochen aus. Die Kinder maximal drei Minuten.

Daher beschloss ich, meine Lieblingssüßigkeit dort zu verstecken, wo die Kinder sie niemals vermuten würden: in der Konsole der Fahrertüre des Autos.

Der Platz war perfekt. Alle paar Tage naschte ich von den Nüssen, die Kinder blieben ahnungslos. Dann stieg ich eines Tages kurz aus dem Auto, um Milch zu kaufen. Daria schlief auf ihrem Platz. Als ich zurückkam, wirkte alles unverdächtig. Beinahe. Nur die Konsole der Fahrertür war aufgeklappt und auf dem Beifahrersitz lag ein zerknülltes Sackerl, leer. Erst auf den dritten Blick identifizierte ich es als mein Nüsse-Sackerl.

Daria machte eigenartige Schmatzgeräusche im Schlaf, tat ansonsten aber unbeteiligt. Einen Moment lang war ich fast stolz auf meine grandiose Fährtenlese-rin, die Schokonüsse im verschlossenen Sackerl in einem zugeklappten Fach erschnüffelt. Dann aber stieg

die Wut hoch. »Rache!«, rief mein Gerechtigkeitssinn und stachelte mich an, Daria ihre Lieblingskekse weg-zuessen. Ich nahm also ihre Lammcracker aus der Tasche, gab ihr nichts davon und griff selber zu. Doch angesichts des Geruchs, der mir da entgegenschlug, musste ich eine Strategieänderung vornehmen: Ich setzte den Hund für den Rest des Tages auf Diät, kaufte mir neue Schokonüsse und versteckte sie so gut, dass ich sie bis heute selber suche.

Hundesicher heißt nicht beaglesicher

Wir hatten eine kleine Verstimmung. Eine Magenverstimmung seitens des Hundes. Und um ehrlich zu sein: SO klein war die gar nicht.

Wir waren eingeladen und setzten uns zu Tisch. Der Hund (wiewohl daheim reichlich gefüttert) beschloss, ebenfalls zu essen. Aber auf keinem Tischkärtchen stand Daria, der Biomüll war sicher verwahrt und der Garten hundesicher eingezäunt. Doch damit durchkreuzten wir Darias Pläne keineswegs. Hundesicher heißt noch lang nicht beaglesicher. Binnen Minuten war Daria weg, ohne Nachricht zu hinterlassen.

Aufgrund dessen, was später geschah, ist davon auszugehen, dass der eine oder andere Nachbar seinen Biomüll unversperrt im Garten hatte, eventuell sogar ganze Selchroller oder Gulaschsuppe für zwölf Personen im Freien kalt gestellt hatte.

Aber der Reihe nach: Wir unterbrachen das Essen, um Daria zu rufen. Sie gehorchte und kam – mit nur 15 Minuten Verspätung – angetrabt. Dafür wurde sie überschwänglich gelobt und mit ungesalzenem Rindfleisch gelabt, das Daria, ohne ihren Sättigungsgrad zu hinterfragen, umgehend verschlang. Erst allmählich bemerkten wir, dass sich der schlanke Beagle zu einer Kugel verformte. Ähnlich einer Tigerpython, die gerade einen ganzen Hasen verschluckt hat.

Nur: Die Python ist für derlei Fressorgien ausgelegt, nach zwei Stunden hat sie wieder ihre Bikinifigur. Der Beagle nicht. Daria konnte das, was sie sich auf dem Ausflug einverleibt hatte, nicht verdauen. Sie trank mehr Wasser als ein Elefant und bewegte sich nur auf Anfrage.

Gegen drei Uhr früh begann dann endlich der Ausscheidungsvorgang. Dienstbeflissen krochen wir jede Stunde aus dem Bett, um mit ihr rauszugehen. Bis zum Abend war der Durchfall noch nicht abgeklungen, Daria zitterte. Die Tierärztin attestierte Kreislaufschwäche, druckempfindliche Leber und Entzündung der Darmschleimhaut. Sie verordnete Leberwickel, Kräuterpulver und Diät: Huhn, Reis und Fenchel gekocht.

Es half. Zwei Tage später war Daria wie neu. Das tägliche Fenchelhuhn mit Reis hat sie aber nicht selbst gekocht. Dafür war das Personal zuständig. Es murrte nicht. Denn es weiß längst, dass ein Beagle ein Fulltimejob und kein Teilzeithobby ist.

Der »Verhungernder-Beagle«-Blick

Neulich wäre ich beinahe über den Hund gestolpert. Dem festen Griff eines aufmerksamen Passanten ist es zu verdanken, dass ich nicht – Schnauze voraus – auf dem Gehsteig gelandet bin. Der Grund für den Zwischenfall: Hotdog rechts vor uns. Daria ging friedlich neben meinem linken Bein, ich übersah den Würstel-köder, den jemand vor uns ausgelegt hatte, sie sprang ansatzlos nach rechts, um zuzu-schnappen – und stellte sich mir so in den Weg.

Wie eine Ver-hungernde stürzt sie sich auf alles, was essbar ist. Einzig das Salatblatt, das viele Schüler ihrem Döner entnehmen und auf dem Gehsteig zum Verzehr anbie-ten, lässt sie den Hasen übrig (außer, es ist so üppig mit Sauce getränkt, dass es nicht mehr nach Hasenfutter schmeckt).

Manchmal ist mir das peinlich. Viele Menschen schauen mich an, als hätte ich dem süßen Tier seit Tagen nichts zu fressen gegeben. Dabei setzt Daria auch dann den »Verhungernder-Beagle«-Blick auf, wenn sie soeben gefressen hat.

Und so kommt es vor, dass wir uns innerhalb der Familie Notizen schreiben, um sicherzugehen, dass Daria nicht annähernd so hungrig ist, wie sie dreinschaut.

Wenn Darias Herrl unmittelbar nach der Raubtierfütterung das Haus verlässt, weiß er genau, dass mich Darias hungrige Blicke auf Schritt und Tritt verfolgen werden, sobald ich heimkomme. Also legt er folgende Nachricht neben das Hundefutter: »Daria hatte bereits Mittagessen. Auch wenn sie etwas anderes sagt.« Das arme Tier versteht dann gar nicht, warum der »Verhungernder Beagle«-Blick heute nicht wirkt.

Besonders leicht ging ihr früher die Oma auf den Leim. Wenn Daria diesen Blick aufsetzte und dazu rastlos suchend die leere Futterschüssel von Omas Hund Jessi ausleckte, war ihr eine große Portion Extrafutter sicher.

Mittlerweile hat die Oma den Trick durchschaut und schickt uns, kurz nachdem wir den Hund – gut gefüttert – bei ihr abgeliefert haben, eine Kontroll-SMS: »Daria behauptet, sie habe heute noch nichts bekommen. Darf ich sie füttern?« Natürlich nicht … Aber dann sehe ich Daria vor mir, wie sie der Oma ihren süßen Blick zuwirft, und die Oma, wie sie leidet – und schreibe zurück: »Du darfst ;-)«

Tante Schweinsohr, eine Liebe fürs Leben

Wie kommt eine kluge, schöne, sportliche Traumfrau zu dem Kosenamen »Tante Schweinsohr«? Ganz einfach: Indem sie in den Daria-Kosmos eintritt. Dort dreht sich alles ums körperliche Wohl. Die Eigenschaft, dass Beagles so gut wie alles fressen, hindert Daria nicht daran, ein Leben als Gourmet zu führen.

Wann immer ihr die gesunde häusliche Kost langweilig wird, besucht Daria Tante Schweinsohr. Die legt ihr einen frisch faschierten Lamm-Burger auf den Grill – Extraanfertigung ohne Salz, wie sich das für Hunde gehört. Sie vergisst ein paar Sushi zu würzen, damit Daria sie fressen darf. Oder sie bemüht sich, die Wildschweinhaxe, die gerade im Rohr brutzelt, so zäh geraten zu lassen, dass ihre Familie nur die Sauce mit Beilagen isst und Daria das Fleisch bekommt.

Warum aber der komische Kosename? »Tante Schweinsohr« ist die Nichte eines sehr empfehlenswerten Weinviertler Fleischhauers. Nennen wir ihn »Onkel Helmut«.

Onkel Helmut ist von seiner Nichte angehalten, wann immer er schlachtet, die Schweineohren umgehend in die Selchkammer zu hängen, in unmittelbare Nähe der duftenden Speckseiten, deren zart-rauchiges Aroma die Ohren mit der Zeit verführerisch wiedergeben. Danach werden die Ohren in Tante Schweinsohrs Keller auf einer Leine zum Trocknen aufgehängt, auf dass sie schön knusprig werden.

Daria weiß das kulinarische Einfühlungsvermögen ihrer Wahltante so sehr zu schätzen, dass sie, sobald sie Tante Schweinsohr trifft, ihre guten Manieren vergisst und an ihr hochspringt, um Sekunden später – Schnauze voran – in ihre Handtasche einzudringen. Auf der Suche nach einem schweinisch duftenden Mitbringsel.

Die Liebe geht so weit, dass Daria sich eines Tages beim Abendspaziergang mitten in der Stadt losriss und – ihre Leine hinterherschleifend – im Finsteren auf das Schultor zurannte. Wen suchte sie dort? Die Kinder waren längst daheim. Als ich keuchend hinterherkam, sah ich Daria kopflos auf den Hinterbeinen stehen. Ihr Vorderteil steckte bereits in Tante Schweinsohrs Handtasche. Der Elternabend war gerade zu Ende, und Daria hat von Weitem die Stimme vernommen, die sie unter Tausenden wiedererkennen würde: die Stimme jener Frau, die als Einzige versteht, was Beagles wirklich wollen: Nicht nur Unmengen zu futtern, sondern dabei das Beste vom Besten.

Happy Birthday. – Her mit der Torte!

Daria feierte Geburtstag. Zum Glück haben wir keine Hunde eingeladen, denn die hätten garantiert kein Stück vom Kuchen bekommen.

Die Kerze hätten wir uns übrigens auch sparen können. Daria dachte gar nicht daran, sie auszublasen. Viel eher überlegte sie, wie sie die darunter befindliche Geburtstags-Sulz in Rekordzeit aufessen könnte – wahrscheinlich aus Angst, ich könnte mich besinnen und sie ihr wieder wegnehmen (wie das bei anderen Geburtstagstorten bereits der Fall war).

Außerdem kann Daria Kerzen nicht leiden, weil sie Brandgeruch nicht mag. Und so wich Daria kurz vor der eigenen Geburtstagstorte zurück. Aber wirklich nur für einen Moment, als wir die Kerze für sie ausbliesen.

Kaum hatte sich der Brandgeruch verzogen, stieg ihr erneut der unwiderstehliche Duft von dreierlei Fleisch, Karotten und Kamutnudeln in die Nase. Sie verringerte den Respektabstand von einem halben Meter auf minus zehn Zentimeter und bohrte die Schnauze durch die feine Geleeschicht bis zu den ersten Fleischbrocken. Dabei gab sie unschöne Schmatzgeräusche von sich.

Eigentlich wollten wir unsere kleine Feier ja chronologisch abhalten: erst den musikalischen Teil (das gemeinsame Singen von »Happy Birthday«) in Würde zu Ende bringen, dann zum kulinarischen Teil überge-

hen und Daria ein großes Stück Geburtstags-Sulz abschneiden.

Doch das war, nachdem der Schlussakkord (»TO YOUUU«) verklungen war, nicht mehr nötig. Die Jubilarin hatte sich bereits reichlich selbst bedient und machte keinerlei Anstalten, mit uns zu teilen.

Ganz ehrlich: Ich hätte ohnehin nicht kosten wollen. Bei ungewürzter Fleischsülze kann ich locker widerstehen. Aber das wusste Daria natürlich nicht. Sie fraß drauf los und ignorierte uns einfach.

Allerdings ist zur Ehrenrettung der unhöflichen Gastgeberin anzumerken: So ein Geburtstag ist die reine Folter. Erst riecht es in der Küche vier Stunden nach Fleisch, dann kommt endlich alles in eine Schüssel, aber es dauert weitere drei Stunden, bis das Kunstwerk gestockt ist. Wer da nicht hastig zugreift, kann kein Beagle sein.

KAPITEL 4

Natürlicher Lebensraum: Der Mittelpunkt

An sich ist der Beagle sehr belastbar: Mit Endlos-Streicheleinheiten, XXL-Futterportionen und Marathonwanderungen. Zu viel ist nie genug. Da geht noch mehr. Aufmerksamkeit ist Kraftfutter für die Beagleseele, Nicht-Beachtung hingegen Folter.

Sollte also das Zentrum der Aufmerksamkeit ausnahmsweise einmal besetzt sein, weiß der Hund sich geschickt ins Blickfeld zu rücken. Meist mit Aktionen, die wir uns alle lieber erspart hätten.

Also: Volle Aufmerksamkeit auf den Beagle! Sonst holt er sie sich. Ohne Rücksicht auf Benimmregeln und Verluste.

Auch außer Haus spielt sich Daria mühelos in den Mittelpunkt. In einigen Geschäften kennt man ihren Namen ebenso gut wie den ihrer Lieblingssorte Hundekekse (die man natürlich »rein zufällig«

vorrätig hat – nur für den Fall, dass der »süße Hund« wieder einmal vorbeikommt).

Die Frau vom Glühlampengeschäft begrüßt Daria schon von Weitem und schreibt uns herzliche Briefe. Die Apothekerin erklärt neuen Kolleginnen stets, dass sie nicht vergessen dürften, »diesem Hund eine Belohnung zu geben«. – Aber wofür eigentlich? Wahrscheinlich für das Lächeln, das Daria sogar den grantigsten Kunden abringt.

Die halbierte Geburtstagstorte

Daria hat einen guten Magen. Sie verträgt alles. Außer Nicht-Beachtung. Ihr natürlicher Lebensraum ist der Mittelpunkt. Und wehe, wenn der Mittelpunkt anderweitig besetzt ist. Etwa von einem Kind, das Geburtstag hat. Dann ist Schluss mit belastbar. Beachtung verträgt Daria in jeder Überdosis, Nicht-Beachtung hingegen gar nicht.

Das erste von zwei Familienfesten zu Ehren unseres Geburtstagskindes fand am Sonntag statt. Daria sah, wer die Geschenke bekam, und zog sich schmollend in den Garten der Verwandtschaft zurück, um auf sich aufmerksam zu machen. Das gelang ihr prompt und nachhaltig. Erst fand sie ein Loch im angeblich undurchdringlichen Zaun, dann eine Wespenfalle mit Resten von Bier, das sie auszutrinken drohte.

Und als wir endlich um den Tisch saßen und zum Besteck greifen wollten, die nächste Unterbrechung: Darias Kopf steckte im Biomüll und sie fraß die Karottenreste. Ohne Besteck. Wenn wir uns je an dieses Fest erinnern, werden wir zwar vergessen haben, wer eigentlich Geburtstag hatte, aber noch genau vor uns sehen, wie Darias Vorderteil im Biomüllkübel verschwand.

Das zweite Fest fand am Mittwoch statt. Daria war gut erholt von den Sonntagsstrapazen und voller Ideen. Aus dem Augenwinkel beobachtete sie jeden meiner

Schritte beim Tortebacken. Besonders jenen hinaus ins Freie, um die Torte auf dem Tisch unterm Nussbaum kühl zu stellen.

Den Rest ahnen Daria-Kenner bereits: Sie nützte die erste Gelegenheit, sich in den Hof zu schleichen, kletterte auf eine Bank, machte sich laaaaaaang, streckte sich akrobatisch rüber zum Tisch … und als ich sie dort entdeckte, fehlte der Torte, die den Namen des Geburtstagskindes trug, bereits die Hälfte der Buchstaben (sowie alle darunterliegenden Creme- und Biskuit-Schichten). Das Kind schaute traurig auf die Tortenreste, die Festgemeinde sorgte sich um Darias Verdauung.

Beim »Happy-Birthday«-Singen legte Daria dann noch nach: Sie zerlegte die Füllung ihres Hundepolsters so gründlich, dass es im Wohnzimmer schneite. Alle Blicke waren – fassungslos – auf sie gerichtet. Sie genoss die Publicity und tat mit einem Mal völlig unbeteiligt: »Was ist? Habt ihr noch nie Schnee im Oktober gesehen?«

Der dreibeinige Hund

Man kann sich natürlich auch durch ungewöhnliche Arten der Fortbewegung in den Mittelpunkt spielen. Oder durch abruptes Nicht-mehr-Fortbewegen mitten auf dem Zebrastreifen. Daria beherrscht diese Disziplinen spielend. Besonders, wenn sie verletzt ist und auf drei Beinen durch die Stadt humpelt.

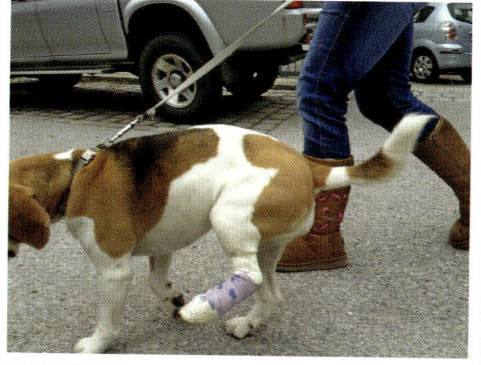

Mit einem sechsbeinigen Hund würde man weniger Aufsehen erregen. Denn ein Hund auf drei Beinen kann nicht gehen, er kann nur galoppsen: eine seltsame Laufsportart aus Galoppieren und Hopsen. Das sieht armselig aus. Noch armseliger sieht nur die Hundehalterin aus, die versucht, an der straff gespannten Leine hinterherzugaloppsen. Dabei soll sie alle zwei Meter stehen bleiben und Fragen besorgter Passanten beantworten: »Warum hat der Hund einen Verband / Hat er ein Aua / Darf er ein Leckerli haben / Wieso tragen Sie ihn nicht …???«

Fragen, die auf Dauer sogar einen Plauderjunkie wie mich zermürben. Ich erwog, mir ein Blatt mit »Frequently Asked Questions« an Bauch und Rücken zu kleben. Aber das hätte erst recht Aufsehen erregt. Also bedankte ich mich artig für Leckerlis und gute Wünsche und erzählte zigmal dieselbe Geschichte, die mit »hat sich am Hinterbein geschnitten« begann, mit »wurde genäht« ihre Fortsetzung nahm und mit »wird wieder gut« endete.

Der Sohn, altersbedingt selektiv kommunikationsscheu, hatte eine wesentlich effizientere Vermeidungstechnik: die »Ich-gehe-mit-diesem-Hund-sicher-nicht-raus«-Strategie. Meine Bitte, er möge mit Daria kurz Gassi gehen, quittierte er mit: »Würdest du dich von dicken Mädchen anquatschen lassen, nur weil dein Hund lahmt?« Mein lahmer Konter: »Ich lasse mich täglich von dicken, dünnen, jungen und alten Mädchen und Buben anquatschen.« Seine Antwort kam prompt: »Selber schuld.«

Da wurde ich autoritär: »DU gehst jetzt mit dem Hund!« Und er wurde pubertär: »Mama, wir sind hier nicht in Nordkorea.« Fast wäre ich laut geworden: »Stimmt, denn in Nordkorea bekommen Kinder, die sich einen Hund wünschen, nicht einmal einen Selbstgehäkelten!« Er schüttelte den Kopf: »Komm, das ist peinlich.« Aber ich hatte ein As im Ärmel: »Wir könnten Eis essen gehen.« Da zog er seine Jacke an, wurde aber panisch, als er die Leine sah: »Der Hund bleibt hier!« – »Nein, der kommt mit.« – »Ok, dann bleibe ich hier … Bringst du mir ein Eis?«

Kulinarische Streicheleinheiten

Der Einkauf wird zum Beutezug. Daria liebt Einkaufen. Sie ist aber nicht die klassische Shopping Queen. Lieber als Rindslederschuhwerk für ihre Pfoten kauft sie Rinderkutteln für ihre Futterschüssel. Und noch wichtiger als das, was wir kaufen, sind für sie die Gratisbeigaben – kleine kulinarische Streicheleinheiten, sozusagen die Beute am Wegesrand.

Die nette Apothekerin fragt jedes Mal beim Reinkommen: »Darf mein Lieblingshund heute ein Leckerli haben?«, dann erst will sie wissen, was ich brauche. Die glühende Verehrerin im »Glühlampenkönig« krault Daria den Kopf und stellt bewundernd fest, dass das Fell »noch weicher ist als beim letzten Einkauf«. Und die Trafik hält Daria längst nicht mehr für ein Zeitungsgeschäft, sondern für eine Hundelabestation.

Doch unter all den Freunden lauern auch Feinde. Neulich wollten wir ein Geschäft betreten, als ein wild gewordener Jack Russell Terrier an einer nicht arretierten Flexileine um die Ecke bog und sich zähnefletschend auf Daria stürzte. Das andere Ende der Flexileine konnten wir – um die Ecke – nicht sehen, aber deutlich hören. Es brüllte mit schriller Stimme: »BIST DU SCHON GANZ DEPPERT?« Der Jack Russell antwortete nicht und schnappte weiter nach Daria.

Die war so perplex, dass sie panisch mit mir ins Geschäft floh. Dort lief sofort eine Verkäuferin auf Daria zu, zeigte mit dem Finger auf den Jack Russell, der im Eingangsbereich an seiner Flexileine hing, aber nicht weiterkonnte, weil die Leine ihre maximale Länge erreicht hatte, und rief: »Der da hat den süßen Hund gebissen!«

Binnen Sekunden versammelten sich Schaulustige, um Darias Bisswunden zu betrachten. Ich wurde nervös, fand aber keine Verletzung. »Da, auf dem Bein! Schau'n Sie doch!«, rief die Verkäuferin. Ich erklärte ihr, dass das die Narbe von einer früheren Schnittwunde sei. Zur Beruhigung streichelte sie Daria ausgiebig und verabreichte ihr ein essbares Trostpflaster.

Nächstes Ziel: Die Apotheke. Die nette Apothekerin runzelte die Stirn: »Warum wedelt mein Lieblingshund heute nicht mit dem Schwanz?« – »Weil er gerade überfallen wurde und unter Schock steht.« Logisch, was darauf kommen musste: »Ooch, dann darf er aber heute ausnahmsweise zwei Keksi haben, nicht?«

Ecke Kipferlgasse

Die Hauptstraße unserer Kleinstadt ist eine Großbildleinwand. Daria würde sagen: Einkaufen ist besser als Kino. Vor allem die Ecke Kipferlgasse, direkt vorm Bäcker, bietet einem Hund abwechslungsreiche Kurzfilme.

Manchmal, wenn die Bäckerei geschlossen hat und wir nur zufällig daran vorbeigehen, bleibt Daria erst stehen, setzt sich dann hin und wartet darauf, dass ich ihre Leine an dem Knauf neben dem Eingang befestige und sage: »Warte hier!«

Sie will ihr Kinoprogramm – aus Kindern, die nach einem Kipferl brüllen; aus Kleinstadtneurotikern, die mit rotem Kopf hinter der Windschutzscheibe ihres Autos toben, weil der Fahrer vor ihnen einparkt und sie dadurch das Ampelgrün verpassen; und natürlich aus Hunden an nicht fixierten Flexileinen, die sich die Freiheit nehmen, ihre Leine selbsttätig auszufahren und diese als Gehsteigsperre für Einkaufstrolleys, Kinderwagen, Roller und Laufräder kreuz und quer zu spannen.

Doch ist das Kleinstadtmilieu-Showprogramm tatsächlich alles, was Daria an dieser Ecke mag? Um bei der Wahrheit zu bleiben: Wer vorbildlich sitzt und wartet, bekommt eine Belohnung, sobald ich aus der Bäckerei herauskomme – das trägt natürlich stark zur Attraktivität dieser Ecke bei.

Aber was passiert dort sonst noch so? Ich weiß es nicht, da ich ja im Geschäft bin, während Daria draußen sitzt. Doch neulich wartete Paula, eine Schulfreundin meiner Tochter, neben Daria auf mich. Und Paula beobachtete genau, was vor sich ging. Mein Einkauf dauerte ihr zu lang und so schickte sie mir ungeduldig folgende SMS:

»hast es bald? ich steh jetzt seit 5 min vorm bäcker und seh leuten zu, die daria zum schwanzwedeln bringen wollen!«

Am nächsten Tag kam ich zufällig aus dem Geschäft, als ein Mann Daria offensichtlich »zum Schwanzwedeln bringen« wollte. Und zwar mit einer Topfengolatsche. Als ich auf den Hund zuging, stammelte er: »Ich hab dem braven Hund etwas von meiner Golatsche aufgehoben. Darf er?« – »Hunde vertragen keinen Zucker«, knurrte ich, »aber ausnahmsweise.« Seither habe ich ein tragbares Schild im Einkaufskorb, wie man es von Tiergehegen kennt: »Bitte nicht füttern!« – Wehe, wenn Daria lesen lernt.

Facebook ist keine Hundeausstellung

Die Kinder sind jetzt also mit einem Aquarium befreundet. Und warum? Weil Aquarien nicht zurückreden und deshalb ideale Gesprächspartner für Menschen sind, die nicht zuhören können? Nein. Weil's dazugehört, um auf »Facebook« dazuzugehören.

Die Kinder sind auch mit dem Kater »Findus« befreundet, der seinerseits »in einer komplizierten Beziehung« zum Aquarium steht. Sie diskutieren, ob sie Freundschaftsanfragen an Hundedame Lilli versenden sollen. Sie hängen gebannt auf der Fanseite von Heinrich, dem Beagle.

Daria frisst der Neid. ALLE sind auf Facebook. Nur sie nicht. Dabei wäre das der ideale Ort, sich breitenwirksam in Szene zu setzen.

Der Menschenzoo Facebook fing gerade an, langweilig zu werden. Dabei hatten beide Kinder doch so hart dafür gekämpft, endlich darin ausgestellt zu sein: »Mama, ALLE in meiner Klasse sind auf Facebook! Nur ich nicht.« – »Wirklich? Alle? Und was ist mit Verena?« – »Mama die zählt doch nicht, die haben nicht einmal einen Fernseher daheim.« – »Und Matthias?« – »Geh, Mama, ich meine doch nur die Mädchen, nicht die Buben …«

Irgendwann waren also beide Kinder stolze Exponate der Menschenausstellung, da wurde diese auch schon wieder fad. Daher motzt man sie jetzt um Tierfreunde auf und verfolgt atemlos den Beziehungsstress eines Aquariums.

An dieser Stelle kommt Daria ins Spiel. »ALLE sind jetzt auf Facebook«, bettelt sie mit gebanntem Blick in den Computer, »warum ich nicht?« – »Weil du ein Hund und kein Mensch bist. Facebook ist keine Hundeausstellung.« – »Aber der Kater vom Theo und der Hund von Alina sind auch keine Menschen«, insistiert Daria. – »Und denkst du, dass die alle selber ihre Bilder hochladen und eigenhändig ihre Postings schreiben? Das erledigen Menschen für sie, die zu viel Tagesfreizeit haben. Zu denen zähle ich nicht einmal bei Nacht.«

Daria schmollt. Einige Tage danach erzähle ich ihr von Andreas, dem Fotografen, der regelmäßig postet: »Liebe Facebook-Freunde, verschont mich mit euren Hunde- und Katzenfotos! Habt ihr kein eigenes Leben?«

Das überzeugt Daria nicht. Im Gegenteil, sie macht mir Vorwürfe, wie ich mit einem Hundefotohasser befreundet sein könne. Und sie will jetzt auch noch einen Twitter-Account. Die Verhandlungen laufen.

Als Daria einmal verschwunden war

Wer stets im Mittelpunkt steht, fehlt umso mehr, wenn er einmal nicht da ist. Daria war schon einige Monate bei uns, als wir sie endlich mit unserer Lieblingssportart bekannt machen wollten: American Football.

Es war der 6. Februar 2011. Super-Bowl-Tag. Wir fieberten dem Finale Pittsburgh Steelers gegen Green Bay Packers entgegen. Daria und Herrl gingen nach Einbruch der Dunkelheit noch kurz auf den Hausberg. Die Kinder und ich bereiteten die Futterschüsseln für die lange Nacht vor: Popcorn, Erdnüsse und Sonnenblumenkerne für die Menschen, Hundecracker für Daria.

Panischer Anruf vom Herrl: »Der Hund ist weg.« Zwei entgegenkommende Frauen hätten Daria mit Taschenlampen geblendet, dann sei deren Hund aus der Dunkelheit auf Daria zugerannt und diese geflüchtet.

Wir setzten uns sofort in Bewegung, um den Hausberg von der anderen Seite zu besteigen und unseren Hund zu retten. Beim Aufstieg begegneten uns zwei Frauen mit Taschenlampen. Die stoppten uns: »Achtung! Oben im Wald steht ein Mann mit Leine, aber ohne Hund. Er tut so, als würde er einen Hund rufen. Passen Sie auf!« Meine Erklärung, der Mann suche UNSEREN Hund, wollten sie nicht hören: »Der hat bestimmt keinen Hund.« Wir ließen sie stehen und liefen weiter.

Wir riefen, pfiffen, lockten, rannten kreuz und quer. Daria blieb verschwunden. Nach Mitternacht gaben wir auf, gingen heim, bedrückt, besorgt. Beim Anblick der unberührten Futterschüssel kamen mir die Tränen. Darias Schüssel war noch nie länger als ein paar Sekunden voll gewesen.

Die Schüssel blieb voll, das Hundekörbchen leer, der Super Bowl war uninteressant.

Die Kinder schliefen erschöpft vor dem Fernseher zwischen ebenfalls unberührten Erdnuss- und Popcorn-Schüsseln ein. Gegen zwei Uhr gingen auch wir schlafen, ließen das Fenster offen und horchten. Um vier Uhr ein Fiepen. Ich renne runter, öffne das Tor und – Daria läuft rein, als wäre nichts gewesen, stürzt sich auf ihr Futter und kuschelt sich zwischen die schlafenden Kinder.

Die dramatischen Schlussminuten gehen in unserer Aufregung unter. Steelers-Touchdown zum 28:25. Dann Field Goal zum 31:25 und Sieg für die Packers. Es interessiert uns nicht. »Touchdown, Daria!«, jubeln die Kinder.

KAPITEL 5

Daria auf Reisen: Hauptsache dabei

Unser Hund hält Reisevorbereitungen für ein launiges Gesellschaftsspiel, in dessen chaotischem Spielverlauf unbeaufsichtigte Köder ausgelegt werden, die zum Zerbeißen einladen: Badeschuhe, Bikinioberteile, und – wenn man den Jackpot knackt – sogar eine Vorratspackung Hundefutter.

Das Spiel hat nur einen Haken: Wer verliert, bleibt zu Hause. Und die Regeln sind so unübersichtlich, dass Daria bis heute nicht durchschaut hat, warum sie manchmal bei den Gewinnern und manchmal bei den Verlierern ist.

Um zu unterstreichen, dass sie viel lieber auf große Reise geht, statt mit einer Rumpfmeute daheim zu bleiben, agiert sie beim Kofferpackspiel zunehmend offensiver. Sobald die erste Tasche im Raum steht, packt sie ihr Plastikgrunzschwein ein, damit klar ist, wer hier auf Reisen gehen wird: das Schwein (und seine Besitzerin).

Dann verfolgt sie jeden Spielzug von uns Mitspielern auf Schritt und Tritt. Sobald die Autotüre aufgeht, springt sie hinein und macht sich ganz klein.

Diese Methode scheint erfolgreich zu sein. Daria kennt inzwischen Berge und Strände, Schnee und Sand, Inseln und Bauerndörfer, die Adria-Küste ebenso wie die Côte d'Azur.

Sobald wir ankommen, packt sie ihr Plastikgrunzschwein aus und springt in ihr mitgebrachtes Hundekörbchen, was so viel heißt, wie: »Zu Hause ist, wo meine Meute ist.« Und wir ahnen dann schon, wer beim nächsten großen Packen wieder mit muss.

»Die Strandmatte gehört mir!«

Wir machen wieder einmal Urlaub. Nein, anders: Daria macht Urlaub. Und wir machen mit. Man muss sich schon ein bisschen einspannen lassen, um mit einem Beagle auszuspannen.

Aber Darias Urlaubsregeln sind klar und überschaubar:

1. »Die Strandmatte gehört mir. Sollte neben mir Platz bleiben, könnt ihr euch dazulegen.«

2. »Für Spaziergänge sowie größere Wanderungen stehe ich gerne zur Verfügung. Und zwar täglich zwischen fünf und sieben Uhr früh sowie ab 23 Uhr abends. Dazwischen ist es mir zu heiß.«

3. »Zwingt mich nicht, ins Meer zu gehen. Diese völlig überdimensionierte, versalzene Badewanne ist eine Laune der Natur, der ich nichts abgewinnen kann.«

Widerstand gegen den Hundekodex ist zwar nicht zwecklos, verdirbt aber allen die Laune. Und das wäre schade. Denn Daria ist auch bei 16 Sonnenstunden pro Tag der eigentliche Urlaubssonnenschein. Grenzenlos heiter nimmt sie Komplimente für ihre Schönheit entgegen, sogar in Sprachen, die sie nicht versteht. Sie lässt sich von fremden Kindern an einem Ohr ziehen und hält auch noch das andere hin. Sie gibt Pfote und verspricht, beim nächsten Mal Autogramme zu geben.

Der reiselustige Hund lässt sich durch nichts aus der Ruhe bringen. Selbst sechs Stunden Stau auf einer gesperrten Autobahn betrachtet Daria nicht als Anreisehindernis, sondern als Unterhaltungsprogramm. Denn wir steigen aus und gehen kilometerweit »Gassi« (sagt man so auf einer Autobahn?). Die Jausenreste, die unsere Mitstauenden aus den Autofenstern werfen, ergeben eine Art »Running Leckerli«. Daria greift zu, bis der Pannenstreifen sauber ist.

Sogar ein rohes Ei ist aus einem Campingbus gefallen. Der aufgeheizte Asphalt und die Mittagssonne haben die Zubereitung erledigt. Daria liebt Spiegelei.

Kinder weinen – vor Hitze, Langeweile oder beidem. Daria kommt neugierig näher, schnuppert und lässt sich an den Ohren ziehen. Das Weinen schlägt in Jauchzen um. Die Eltern sind erleichtert. Endlich Ruhe. Sie ahnen nicht, dass sie diese Ruhe später mit endlosem Weinen bezahlen werden.

Denn als wir umkehren und zu unserem Auto zurückgehen, weinen dieselben Kinder wie vorhin. Jetzt aber aus einem anderen Grund: Sie wollen auch so einen süßen Hund.

Sternschnuppen und ein Augenstern

Daria ist verliebt. Ein klassischer Urlaubsflirt. Denn wir haben uns hitzebedingt wieder einmal auf unsere Lieblingsinsel zurückgezogen.

Diese Idee hatten aber auch andere Hundehalter. Und so machen sich hier jede Menge attraktiver Rüden wichtig. Daria hat eine beneidenswerte Auswahl an Interessenten für eine kleine Strandromanze: vom Airdale-Terrier bis zum Boxer, vom Staffordshire-Bullterrier bis zum Pudel reicht das Testosteron-Personal. Ein schwarz-weißer King Charles Spaniel wurde sogar so zudringlich, dass wir das Lokal wechseln mussten. Aber Daria können alle Hunde gestohlen bleiben.

Sie hat nur Augen für einen: Max, einen menschlichen Prachtrüden von knapp 13 Jahren. Max ist der Sohn einer Freundin, die mit uns Urlaub macht. Er ist für sein Alter riesengroß, bärenstark, und er ist vernarrt in Daria. Er ist ihr Bodyguard, ihr Kuschelfreund, ihr Anwalt, ihr alles.

Wenn sie ihn kratzt, weil er die Hundekekse nicht schnell genug rausrückt, verteidigt er sie, als hätte sie ihn nur gestreichelt. Wenn sie sich beim Baden auf seine Strandmatte legt, verscheucht er sie nicht, sondern bedauert, dass sie in der prallen Sonne liegen muss und baut ihr ein Sonnensegel aus seinem Badetuch und dem Roller seiner Schwester.

Sie dankt es ihm mit Blicken, die sie sonst höchstens ihrer gut gefüllten Futterschüssel schenkt. Und mit tiefer Ergebenheit: Als ich heute früh meinen Rucksack packte, um in den Ort zu wandern, begleitete sie mich wie immer. Doch als sie auf halbem Weg bemerkte, dass Max nicht mitgekommen war, drehte sie um und lief zurück.

Und als wir Montagnacht am Strand waren, um den Sternschnuppenstrom der Perseiden zu sehen, lagen alle auf dem Rücken und blickten in die Sterne, nur Daria lag auf dem Bauch und blickte auf ihren Augenstern.

Irgendwann drohten uns angesichts der vielen, vielen Sternschnuppen die Wünsche auszugehen. Da sagte Max versonnen zu seiner Mama: »Ich habe sowieso nur einen einzigen Wunsch: dass Daria mit uns heimkommen kann.«

Frechheit siegt

Versteht Daria Kroatisch? Der Verdacht liegt nahe. Wir sitzen beim Vormittagskaffee unterm Kirchturm, Daria liegt neben uns. Eine Frau biegt um die Ecke, ruft: »Daria!«, hockt sich neben sie, krault ihr den Hals, säuselt ihr wortreich ins linke Schlappohr, dass sie der schönste Hund auf der Insel mit dem weichsten Fell … blablabla ist.

Daria scheint alles zu verstehen, legt den Kopf schief und der Dame die Pfote aufs Knie.

So ist das hier. Ich komme seit 30 Jahren auf diese Insel und kenne ein paar Leute. Daria kommt seit drei Jahren her und kennt jeden. Wer ihren Namen vergessen hat, ruft nur: »Ah, der Beagle!« Sie genießt die Rundumbewunderung und sonnt sich abwechselnd in ihrem Ruhm und auf der Strandmatte. – Auf MEINER Strandmatte.

Aber das übersieht sie geflissentlich. Weil sie grundsätzlich davon ausgeht, dass alle Strandmatten ihr gehören. Und das scheint ihr hier niemand übel zu nehmen. Frechheit siegt. So lange man den Kopf schief legt und die Schlappohren baumeln lässt.

Neulich wanderte ich mit Daria in eine einsame Bucht. Alles wie immer: Ich gehe ins Wasser, sie schaut mit großem Sicherheitsabstand aufs Meer und weigert sich, reinzugehen. Während ich schwimme, macht sie sich auf meiner Matte extralang und überbreit. Als ich wiederkomme, kriege ich ein Mattenrandstück und eine Pfote ins Gesicht geklatscht.

Dann weicht unsere Zweisamkeit allmählich einem Menschenauflauf. Eine kroatische und eine deutsche Familie lassen sich neben uns nieder. Der Hund checkt die neue Mattensituation und entscheidet sich für die Übersiedlung auf eine rot-gelb-blaue Tom-und-Jerry-Matte, die einem deutschen Mädchen gehört.

Ich warte auf den Aufschrei des Kindes und fange an zu packen. Aber das Mädchen lacht vor Freude und krault Daria den Kopf.

Ich habe gepackt, gehe los und pfeife. Daria kommt. Hinter mir stellt ein zweisprachiger Chor die Frage: »Ooooch, kann der liebe Hund nicht noch ein wenig bleiben?« Meine Gegenfrage stelle ich mir nur in Gedanken, ganz leise: »Wie hätten diese Menschen reagiert, wenn *ich* mich auf ihre Tom-und-Jerry-Matte gelegt hätte?«

Wie viel Luxus braucht der Hund?

Kann man ohne Dog-Dirndl auf die Alm wandern? Daria kann.

Wir waren auf Oster-urlaub. In jenem piemontesischen Bergdorf, das so arm ist, dass es dort immer dreiviertel zwölf ist. Die Gemeinde kann sich keine Kirchturmuhr leisten. Da man das aber nicht an die große Glocke hängen möchte, wurde eine Kirchturmuhr aufgemalt. Ihre Zeiger stehen beharrlich auf dreiviertel zwölf.

Die karge Gegend, die einfachen Verhältnisse, die fehlende Turmuhr – und mittendrin die überglückliche Daria. Das brachte uns wieder einmal auf die Frage der Fragen: Wie viel Luxus braucht der Hund?

Ich kenne Menschen, die beim Kauf eines Scheidungshundes mehr für das dazugehörige Strass-Halsband als für das Tier selbst bezahlt haben. Mögen Hunde Glitzersteine? Hätte ich meiner Freundin auf unserer Ibiza-Reise doch nicht verbieten sollen, Daria das Tussi-Halsband mit den Halbedelsteinen zu kaufen? Würde unser Hund sich damit schöner fühlen?

Ich glaube nicht. Daria ist nicht der Laufsteg-Typ.

Mögen andere Hunde in der 2000-Euro-Louis-Vuitton-Dog-Bag nach Italien reisen. Daria saß zufrieden zwölf Stunden zwischen meinen Beinen und ließ sich streicheln.

Und als wir auf die Alm wanderten, fragte sie weder nach dem Gucci-Sonnenhut für Hunde noch nach dem neuesten Dog-Dirndl. Sie lief einfach neben uns her, bis hinauf zu den Schneefeldern. Auch dort beklagte sie sich nicht darüber, dass wir keine wärmende Burberry-Hund-Couture für sie im Rucksack hatten. Sie rannte mit den Murmeltieren um die Wette. Das hält auch warm.

Und als wir Stunden später wieder in unserem Bergdorf ankamen, hielt sie weder nach seidenen Designerkissen Ausschau noch nach einer samtbesetzten Hunde-Chaiselongue, sondern ließ sich genüsslich in die Wiese plumpsen.

Um ganz sicher zu gehen, machten wir einen Tagesausflug an die Côte d'Azur. Dort, an der Strandpromenade, wo »Promenadenmischung« nicht für einen Rasse-Mix, sondern für einen Designermix beim Hunde-Outfit steht, pinkelte Daria ratlos an eine Palme, wartete gelangweilt, bis wir unsere Espresso-Tassen geleert hatten und stieg freudig ins Auto, zurück in unser Bergdorf.

Es sieht tatsächlich so aus, als wäre Reichtum für Hunde keine Frage des Geldes.

Darias Talent zum Glück

Gut, dass die Ostereier bunt sind. Denn wären sie weiß, würde heuer alle der Hund auffressen. Nur Daria findet weiße Eier im Schnee. Wir Menschen nicht, weil wir mit dem Sehorgan statt mit dem Riechorgan suchen. Und da der Beagle nicht dazu neigt, ein gefundenes Fressen zu teilen, würde er uns – nach eiligem Verzehr – maximal die Schalen übrig lassen.

Das mit dem Schnee war so nicht geplant. Im Grunde sind wir vor den weißen Ostern in den Süden geflüchtet. Mehr als 1000 Kilometer. Kurz bevor Italien und Frankreich ins Meer fallen, wollten wir in dem piemontesischen Bergdorf, das wir alle lieben, auch heuer wieder Frühling spielen: die Sonnencreme auswintern, Löwenzahn für die Hühner pflücken und mit Daria auf die Alm wandern.

Dass hier im Vorjahr zu Ostern die Märzenbecher blühten, glauben wir derzeit nur, weil wir Fotos davon haben. Und dass wir mit Daria auf der Alm in 2000 Metern Höhe waren, glauben wir trotz der Fotos nicht: Wandert man heuer nur wenige Meter bergauf, meint man, im ewigen Eis stecken zu bleiben. Selbst mit Schneeschuhen führt da kein Weg hinauf. Und die Sonnencreme? Haben wir gar nicht erst ausgepackt. Wir sind der Sonne entgegengefahren, haben sie aber im Nebel bisher nicht gefunden.

Und dabei offenbart sich wieder einmal, dass Hunde die reiferen, zufriedeneren Wesen sind: Daria nimmt die Verhältnisse, wie sie sind, und macht das Beste daraus. Wir Menschen hingegen wissen, was das Beste WÄRE (Sonne), und warten ständig darauf, während der Urlaub ohne uns vergeht.

Daria zelebriert das Wiedersehen mit den Hunden der Verwandtschaft ebenso wie das Wiedersehen mit ihrem italienischen Lieblingsfleischhauer und dessen gekochten Kuttelstreifen. Wenn sie müde ist, schläft sie. Wenn ihr kalt ist, liegt sie vor dem Ofen und lässt sich streicheln.

Wir Menschen verbringen mehr Zeit auf Internet-Wetterseiten als miteinander. Jeden Morgen versuchen wir, den Nebel im Chor wegzuraunzen, danach diskutieren wir, ob der Neuschnee wirklich nötig war.

Wir haben das GPS auf Frühling eingestellt und uns in den Winter verirrt. Daria ist einverstanden – und glücklich. Hunde haben keine Auflagen für das Glück. Wir Menschen arbeiten noch daran.

Es gibt zweierlei Schnee: guten und bösen

Wie gesagt: Zehn Tage geplanter Frühlingsurlaub im Tiefschnee trennten die Spreu vom Weizen. Während wir Menschen, mieselsüchtig und halb erfroren, heiße Suppe schlürften, lief Daria durch die Nebelsuppe. Oder verschwand kurz im lockeren Neuschnee, um mit einem Freudensprung wieder aufzutauchen. Was wir bisher für einen reinrassigen Beagle gehalten hatten, entpuppte sich als Kreuzung aus Beagle und Schneefräse.

Und während wir Menschen – von der Skiunterwäsche bis zur Kälteschutzcreme – allerlei Vorkehrungen für das Überleben im Freien trafen, trug Daria nicht mehr als ihr Halsband. Jeden Morgen rannte sie als

Erste hinaus – in derselben Montur, in der sie abends schlafen gegangen war.

Daria genoss den Urlaub ohne Wenn und Aber. Das Wetter war schlecht, und alles war gut. Berge Freiheit, Schneegestöber. Doch wieder daheim, zog unser Allwetterhund plötzlich andere Seiten auf.

Als ich am Tag nach unserer Rückkehr das Fenster öffnete, blies uns ein eisiger Sturm den nassen Schnee waagrecht ins Gesicht. »Da muss ich raus?«, rief ich und überlegte, ob ich unter den Umständen noch Hundehalterin sein wollte.

Daria schien Ähnliches durch den Kopf zu gehen: Als sie sah, wie ich die Skiunterwäsche und die Kälteschutzcreme aus dem Koffer kramte, zweifelte sie, ob sie mich noch als Hundehalterin haben wollte. Sie verkroch sich in ihrem Körbchen im Schlafzimmer.

Ich öffnete die Eingangstür und pfiff nach ihr. Sie pfiff mir was. Erst beim dritten Pfiff kam sie lustlos angedackelt – und versteckte sich im Vorhang hinter der Tür. Sie blickte hinaus ins Schneetreiben, dann fragend in mein Gesicht: »Wer will da raus?«

Nur so viel: Es wurde eine kurze Runde. Und Daria hatte keinen Spaß dabei.

Seither weiß ich: Für sie gibt es zwei Arten von Schnee. Den guten, der sich in Freiheit in den Bergen genießen lässt. Und den bösen, der einem in der Stadt an der Leine nur nasse, salzige Pfoten macht.

Ausschlafen kann man trainieren

Wir sind auf Skiurlaub. Ich habe Geburtstag und hundefreie Ferien. Aber es ist nicht einfach, Urlaub vom täglichen Ritual zu machen.

Man kann ohne Hund verreisen. Aber man ist nie ohne Hund. Auch wenn man sich das einbildet. Eine Woche tun, was man will. Vier Mal täglich die große Freiheit, statt vom Hund an die Leine genommen zu werden. Pulverschnee, Federbett. In der Früh sorglos ausschlafen, abends endlos einkehren.

Klingt verlockend; wie das Drehbuch aus einem früheren Leben. Aber: Es funktioniert nicht auf Knopfdruck. Das bemerke ich schon am ersten Morgen. Ich habe Geburtstag und darf ausschlafen. Ein Traum.

Der Traum dauert bis halb sieben. Dann wird das Ausschlafen quälend. Die Zeiger schleichen dahin, kein Hund schleicht ums Bett. »Genieß es doch!«, sagt der Kopf. »Und wie?«, fragen die Augen, die nicht mehr zufallen wollen.

Die rettende Idee: der Bäcker. Wir brauchen Frühstück. Wusste ich's doch: Ich muss raus. Anziehen, Leine nehmen. – Aber wo ist die? Daheim bei der Oma! Der Hund ebenso. Verwirrt verlasse ich das Appartement. Nicht ohne den automatisierten Jackentaschengriff: links die Hundesackerln, rechts die Hundekekse. Los.

Vor dem Bäcker überlege ich, wo ich den Hund

anhängen könnte. Und beim Rauskommen suche ich die wartende Schnauze, die eine Belohnung will. Wer täglich dasselbe Ritual pflegt, darf nicht glauben, dass er davon so einfach Urlaub machen kann.

Auf dem Rückweg bemerke ich, dass ich gar nicht zurück ins Appartement will. Wer würde nur fünf Minuten vor die Tür gehen, wenn die Sonne so herrlich scheint? Also weiter. Bis ans Ortsende. Ohne Grund. Ohne Hund. Einfach so. Erschreckende Erkenntnis: Ich brauche meinen Morgenauslauf. Bin ich mittlerweile auch eine Art Beagle?

Kurz vor dem Ortsende begegnet mir die erste Hundebesitzerin. An der Leine: ein junger Beagle. Spinne

ich? Sehe ich schon überall Beagles? Nein, der ist echt. Später kommt ein Geburtstagsgruß von Daria. Mit Blumenfoto. Ich vermisse den Hund und finde mich dumm – mache Urlaub ohne Daria und nütze die Vergünstigungen nicht einmal aus. Aber am nächsten Tag stelle ich fest: Ausschlafen kann man trainieren. Es klappt schon bis halb acht. Bis zur Abreise hab' ich den Dreh raus.

KAPITEL 6

Bei jedem Wetter: Sie läuft und läuft

Wollen Sie heute in zehn Jahren wandern gehen? Ja? Nein? Sie wissen es noch nicht? Sie würden lieber auf einen verbindlichen Wetterbericht warten, ehe Sie antworten?

Dann binden Sie sich nicht heute an einen Welpen. Denn die Wahrscheinlichkeit, dass in der Folge ein ausgewachsener Hund in fünf, in zehn und hoffentlich noch in 15 Jahren mindestens drei Mal täglich mit Ihnen raus will, ist äußerst hoch.

Darum prüfe, wer sich bindet. Vor allem an einen Hund.

Denn Hundehalter sind keine Rosinenpicker, Frühlingsblumenfotografierer, Schönwetterspazierer. Hundehalter sind bei jedem Wetter draußen. Auch dann, wenn der Rest der Bevölkerung daheim auf dem Trockenen sitzt.

Hundemenschen gehen nicht erst dann raus, wenn die Sonne sie dazu zwingt, sie sind auch bei Kälte, Regen, Nebel und Schnee unterwegs. Alles eine Frage der richtigen Kleidung. Und der entsprechenden Motivation. So eine feuchte Hundeschnauze kann da schon nachhelfen, wenn der dazugehörige Mensch lieber noch ein paar Minuten weiterschlafen würde.

Im Hamsterrad

Der Wanderrucksack vom Sonntag steht halb ausgepackt in der Küche. Heute ist Dienstag. Darias eingebauter Kilometerzähler zeigt an, dass wir seit Sonntag ein beträchtliches Laufdefizit aufweisen. Daria ist ein Laufhund. Ich nicht.

Meine tägliche Bäcker-Fleischhauer-Drogerie-Runde fällt für Daria nicht unter Auslauf, nicht einmal unter Aufwärmen, sondern bestenfalls unter Social Networking.

Sie versucht, mir den Rucksack zu bringen. Als höfliche Aufforderung. Er ist zu schwer für sie. Auch ich fühle mich schwer. Die Aussicht, in den Wald zu gehen, lässt mich noch schwerer werden. Ich mag nicht.

Daria vertreibt sich inzwischen die Zeit. Sie packt den Rucksack aus. Die Taschentücher sind im Nu zerkaut, die Hundekekse verspeist. Als Nächstes nimmt sie sich die Spielkarten vor. »Nein! Nicht die isländischen Wale- und Delphine-Karten! Das bringt Ärger mit den Kindern.« Ich gebe nach und ziehe die Wanderschuhe an. Daria verliert das Interesse an den Karten und stellt sich sofort zur Eingangstüre.

Im Wald gerate ich ins Grübeln: Würde ich je einen Mann heiraten, von dem ich weiß, dass er mich für die nächsten zehn, fünfzehn Jahre drei Mal täglich zu Spaziergängen nötigt? Nie im Leben. Bei menschlichen

Partnern sind wir auf der Hut. Bei tierischen geht uns der Instinkt durch. Warum sonst würde sich ein vernünftiger Mensch an einen Laufhund binden?

Daria bleibt stehen und schaut mich an: »Wo bleibst du?« Ich setze mich zu ihr auf den Weg, streichle ihre Ohren und erkläre ihr, dass es mir manchmal schwerfällt, mein Dreimal-täglich-Auslauf-Gelübde einzuhalten.

Am Abend erzählt die Tochter, dass sie mit dem Vater ihrer Freundin Anja diskutiert habe. »Worüber?«, frage ich. »Er hat behauptet, Hamster seien klüger als Hunde. Ich habe ihm erzählt, was ich Daria schon alles beigebracht habe, und er meinte, das könne er Anjas Hamster auch beibringen.«

»Vielleicht wollte er dich nur ärgern«, werfe ich ein. »Wahrscheinlich«, sagt sie, »niemand kann ernsthaft so einen Unsinn glauben. Hamster sind sogar so dumm, dass sie in einem Rad ewig auf der Stelle laufen und es nicht einmal bemerken.«

Da kommt mir eine Idee: »Könntest du Daria das beibringen, was Anjas Hamster kann?« – »Wenn das Laufrad groß genug ist, warum nicht?«, sagt sie und grinst.

Wer drei Mal verliert, geht mit dem Hund raus

Andere keuchen daheim auf dem Crosstrainer. Ich gehe kreuz und quer durch den Wald. Ich habe diesen Marathon-Hund. Der hält mich fit. Bei jedem Wetter. Und hat dabei wesentlich mehr Charme als ein Hometrainer.

Andererseits bleibt man auf dem Hometrainer fit, ohne nass zu werden, wenn es draußen regnet oder schneit. Und das wäre zum Beispiel vergangene Woche äußerst attraktiv gewesen.

Die Umstellung aufs Winterfell fiel mir schwerer als Daria. Das Haube-Schal-Handschuh-Anorak-Ritual ist nach der Sommerpause noch nicht ganz eingespielt. Daria sitzt daneben und schaut angestrengt: »KOMMST DU JETZT ENDLICH? Ich bin fertig!«

»Ich noch nicht«, rufe ich unterm Mantelständer hervor, wo ich – gefangen in meiner Daunenjacken-sauna – den Zweithandschuh suche, den die Kinder dort in der Morgenhektik verschwinden haben lassen. Apropos Kinder: Die könnten bei dem Sauwetter auch einmal mit dem Hund … »Tun wir doch!«, protestieren sie. Tatsächlich waren beide in dieser Woche je fünf Minuten mit Daria im Park. Es könnten an die 300 Meter gewesen sein, die sie in nur einer Woche zurück-gelegt haben.

Und der Mann? »Der Beagle braucht 10 Kilometer Bewegung am Tag!«, doziert er – und geht ab ins Büro.

Daria schaut mich aufmunternd an: »Los, 10 Kilometer, hast du's gehört?«

Ja, wir gehen schon.

Nur einmal habe ich vergangene Woche einen Streik in Erwägung gezogenen. Es war Samstagabend, finster, kalt, stürmisch. Und es schüttete. »Wir spielen jetzt ›Schere-Stein-Papier‹. Und wer drei Mal verliert, geht mit dem Hund raus«, schlug ich dem verdutzten Mann vor. Geheucheltes Mitleid schlug mir aus seinem Blick entgegen: »Noch nie hat mich dabei jemand besiegt. Das ist doch unfair dir gegenüber.«

Ich überging die patzige Bemerkung und setzte zum ersten Durchgang an. Er: Stein. Ich: Schere. 1:0 für ihn. Dann das 2:0. »Ich denke, wir können das jetzt beenden«, feixt er. »Nein, ich hab noch nicht drei Mal verloren!« Er grinst überheblich. Ich hole auf (2:1), gleiche aus (2:2), dann zwei Unentschieden. Bei Stein zu Stein fangen unsere Fäuste zu boxen an. Daria schaut irritiert auf unsere Pfoten: »Was soll das? Ich muss raus.« Letzter Durchgang. Ich gewinne! Draußen regnet es nach wie vor in Strömen. Der Mann tut mir leid. Soll ich ihn begleiten? Na gut. Bis zur Tür.

Die Hohe Wand als Aufwärmrunde

Seit Wochen liegt er da, der neue Wanderführer »Bergwandern mit Hund«. Aber niemand wollte im Hochsommer wandern. Nicht einmal der Hund. So ein bewegungsfreudiger Beagle ist ja in der heißen Jahreszeit relativ pflegeleicht. Er bewegt sich maximal von der Strandmatte zur Hängematte und zurück.

Jetzt allerdings kehrt der Sportsgeist zurück: Daria zieht kräftig an der Leine, wenn wir zu langsam sind. Und wir sind langsam, sobald sich uns die kleinste Erhebung in den Weg stellt. Unsere Waden sind außer Form. »Da hast du deinen Schlepplift«, brummt der Mann dann immer und reicht mir Daria samt Leine. (Er mag die Leine nicht. Ich schon, weil sie garantiert, dass der Hund nicht alleine wandert, während wir blöd im Wald stehen und darauf warten, dass er fertiggewandert hat. Aber das ist eine andere Geschichte.)

40 Touren beschreibt der Hundewanderführer. Ich sehe uns schon min-

destens auf dem Hochkönig. Aber so hoch wollen wir heute noch nicht hinaus. Zunächst die Hohe Wand. Als Aufwärmrunde.

Ich packe den Rucksack. Der Wanderführer rät, Wasser auf die Tour mitzunehmen. Ich fülle Wasser in die Hundeplastikflasche und in die professionelle Menschenwanderflasche.

»Wieso nimmst du für uns nicht auch eine Plastikflasche?«, fragt der Mann. »Weil die hier fürs Wandern gemacht ist«, erkläre ich. »Aber die

ist undicht«, knurrt er. »Ist sie nicht, mit der kann man auf den Mont Blanc steigen«, gebe ich patzig zurück und verstaue sie im Rucksack. Auf der Fahrt zur Hohen Wand entdecke ich einen großen Wasserfleck auf der Rückbank des Autos. Der Rucksack ist durchweicht. Ich habe den Drehverschluss der professionellen Wanderflasche schräg aufgesetzt. Das Wasser ist ausgeronnen. Der Mann schweigt und genießt. (Nur die Hundewasserflasche aus Plastik ist natürlich dicht.)

Ohne Menschenwasser wandern wir los. Zum Glück gibt es unterwegs Hütten, die uns zwar nicht mit Wasser, aber mit Bier versorgen. Der Mann findet die professionelle Wanderflasche plötzlich ganz gut.

Als wir nach fünf Stunden wieder beim Auto sind, verweigert Daria das Einsteigen und zieht erneut an der Leine Richtung Hütte. Sie hat das mit der »Aufwärmrunde« ganz falsch verstanden.

Beim Weingartenheurigen

Folgen Sie ruhig Ihrem Beagle! Vielleicht ist er ausnahmsweise gar nicht auf der üblichen Reh- oder Hasenfährte, sondern verfolgt eine ganz andere Spur. So war es bei mir am vergangenen Samstag. Ich tat, was man als Hundehalterin nie tun soll: Ich ließ Daria den Weg bestimmen. Und habe es nicht bereut.

Es war der erste sonnige Sommertag mitten im März. Und ich war allein.

Daria wollte die Welt erobern, alle üblichen Mitwanderer waren verhindert. Die Gründe reichten von »muss meine Weiblichkeit auf einem Workshop entdecken« über »will dieses Wochenende nachschauen, ob man im Montafon noch Ski fahren kann« bis zu »bin nach Amerika ausgewandert« – und entsprachen alle der Wahrheit.

Also zogen wir alleine los. Querweingartenein.

Wir spielten »Einmal entscheidest du, wo wir abbiegen, einmal ich.« Das ging so lange gut, bis wir den steilsten Weingarten von Gumpoldskirchen erreichten. Ich kam nur noch auf allen vieren vorwärts. Daria ebenfalls, aber die ist das gewöhnt und wirkt dabei deutlich leichtfüßiger als ich. Ich wollte umdrehen. Aber Daria war an der Reihe, die Richtung zu bestimmen: »Senkrecht rauf!«

Ich kroch fluchend hinter ihr her. Bis hoch ober uns, am Ende des Hangs, ein Dach auftauchte, dann zwei offene Fensterläden. »Daria, wir können da nicht hinauf, wir landen mitten in Winzers Garten!« Sie bockte: »Weiter!«

Während ich mir fieberhaft eine Entschuldigung überlege, taucht das ganze Haus vor uns auf. Davor: weiß gedeckte Heurigentische, Bänke, sogar Liegestühle. Ein Mann in Lederhosen grüßt freundlich, ignoriert charmant meine erbärmliche Vierfüßerdarbietung und fragt, was ich trinken möchte.

Zum Test, ob es sich hier um eine Fata Morgana handelt, lasse ich mich in einen Liegestuhl plumpsen. Der ist echt. Ich liege da, mit Blick bis zur Rax, und danke Daria, die sich bereits im Schatten unterm Liegestuhl gemütlich eingerollt hat. Der Mann in der Lederhose serviert mir kühlen preisgekrönten Weißwein und Daria Wasser.

»Und was ist, wenn der Liegestuhl durchreißt?«, fragt plötzlich ein Mann vom Tisch hinter uns. Schon sind wir im Gespräch. »Ist das ein Beagle oder ein Bagle?«, fragt eine Frau neben uns – und will alles über diesen »süßen Hund« wissen. Von Alleinsein ist an diesem Samstag keine Rede mehr.

Einmal im Leben fitter als mein Hund

Herrlich! Dem Hund hängt die Zunge raus, während ich leichten Fußes Höhenmeter um Höhenmeter nehme. Es sind die kleinen Erfolge, die uns vor uns selbst groß erscheinen lassen.

So wie, sagen wir … einmal im Leben fitter zu sein als der eigene Hund.

Diesen Triumph koste ich aus. Ich gehe voran, lege ein Tempo vor, das sonst höchstens Daria mir vorgibt, und freue mich diebisch an dem Hecheln, das auf Erschöpfung des hinter mir hertrottenden Beagles schließen lässt.

Als Daria und ich die Anhöhe erreichen, kommen uns zwei Jogger entgegen. »Na, da keucht aber jemand den Berg hinauf«, ätzt der eine und ergänzt mit breitem Grinsen: »Ich meine natürlich den Hund …«

Das geht bei mir runter wie Doping. Ich lege den nächsten Gang ein. Darias Zunge schleift allmählich über den Boden. Sie fängt an, mir leid zu tun. Denn in Wahrheit bin ich gar nicht fitter als sie, ich bin nur leichter gekleidet.

Es ist heiß. Sehr heiß.

Kennen Sie den Klugmenschenspruch: »Es gibt kein schlechtes Wetter, nur schlechte Kleidung«? Was, bitte, soll mein Hund dazu sagen? Wie soll der rechtzeitig die Oberbekleidung wechseln, wenn es am Samstag knapp sieben und am Mittwoch plötzlich 27 Grad hat? Dem bleibt gar nichts anderes übrig, als im Winterpelz durch den Sommer zu rennen. So schnell kann kein Hund das Sommer- gegen ein Winterfell tauschen.

Ich gehe langsamer, Darias Keuchen wird leiser. Den Rest des Weges gehen wir nebeneinander her. Sie schaut mich dankbar von der Seite an.

Als sie sich zu Hause im Minutentakt ihre Winterhaare aus dem Fell schüttelt, hole ich, ohne zu murren, den Staubsauger und sage nur: »Recht hast du, zieh dich endlich um. Es ist Sommer.«

Der nachtaktive Hund

Lebt dieser Hund noch? Es läutet an der Tür – Daria springt nicht auf. Jemand raschelt in der Küche – Daria schaut nicht nach, ob etwas für sie abfällt.

Sie bewegt sich nicht. Ein Grund zur Sorge? Nein. Daria lebt uns nur vor, wie bei erhöhten Temperaturen zu verfahren ist: Sie liegt flach. In einer Art Hitzestarre. Und tut nichts.

Daria liegt auf heißen Steinen, kühlen Fliesen, auf Badematten, Liegestühlen oder in der Hängematte. Bleibe ich auf einer Stadtrunde kurz stehen, fällt sie neben mir um und liegt im nächsten Schatten – unter einem Bankomaten oder hinter einer Mülltonne.

Und wenn es ihr dennoch zu heiß wird, baut sie sich eine Naturklimaanlage, indem sie im Schatten eine kleine Grube in die Erde buddelt und sich auf den feuchten Boden legt. So lässt es sich komfortabel über den Sommer kommen.

Ab 25 Grad bewegt sich unser Hund nur nach vorherigem Bittgesuch. Die einzige freiwillige Bewegung ist das Wenden von der Bauch- in die Rückenlage.

Sollte ein längerer Ausgang dennoch unvermeidlich sein, trottet Daria hinter uns her, als liefe sie im Super-Zeitlupen-Modus. Oder täuscht sie die hitzebedingte Langsamkeit nur vor, um ihrer eigenen Wege gehen zu können?

»Hierher?« – Vergiss es! Das Kommando »Hierher!«, auf das mich Daria perfekt trainiert hat (sie kommt angetrabt, ich habe eine Belohnung parat), interessiert sie derzeit nicht. Sie tut so, als sei sie, gelähmt vor Hitze, auf ihren vier Beinen nicht transportfähig.

Ist sie ungnädig, ignoriert sie mein »Hierher!« einfach. Ist sie gnädig, hebt sie gaaaanz laaaangsam ihren Kopf und schaut müde in meine Richtung, als wolle sie sagen: »Vergiss es! Gegen Abend, wenn es kühler wird, versuch's noch einmal, dann können wir darüber reden.«

Und tatsächlich, so gegen 22.30 Uhr erwacht der halbtote Hund zu neuem Leben. Erklärt sich bereit, Berge zu erklimmen, Wälder zu durchstreifen, Weingartenslalom zu laufen. Aber dann bin ich müde von der Hitze des Tages. Wenn ich ein nachtaktives Tier gewollt hätte, hätte ich mir einen Dachs, eine Fledermaus oder ein Glühwürmchen angeschafft.

Aufschauender Hund – abschauender Hund

Sonnengruß? Den praktiziere ich nicht mehr auf der Yogamatte, sondern mit Daria im Wald. Täglich grüßen wir die Sonne. Und wenn es schüttet, grüßen wir den Regen. Den Regengruß haben nicht die Yogis erfunden, sondern die Hundebesitzer.

Wer einen Hund hat, steht öfter in den Gummistiefeln als auf der Yogamatte. Das liegt daran, dass die Yogamatte eingerollt in der Ecke lehnt und sich ruhig verhält, während die muntere Beagleschnauze jeden Morgen Richtung Bettkante strebt, um liebevoll kundzutun, dass es eine Welt außerhalb unserer Schlafkörbchen gibt.

Also raus aus dem Bett und ab in die Kleidung – vorbei an der eingerollten Matte. Daria duldet keine Umwege. Das morgendliche Anziehen akzeptiert sie nur kopfschüttelnd – als eines jener unnötigen Rituale, die den Zweibeinern nicht abzugewöhnen sind. Dabei hat sie selbst ihr unnötiges Morgenritual: eine seltsame

Dehn-Streck-Übungskombination mit hörbarer Aus-atmung, die dem Quietschen einer Türe ähnelt. Ohne diese Turnerei ist Daria nicht bereit, nach Ruhephasen in Bewegung zu kommen.

Meine Yoga-Freundin sieht das eines Tages und ruft: »Da! Daria macht den *aufschauenden Hund*! Jetzt auch den *abschauenden*!« Stimmt, so heißen Teile vom Son-nengruß der Yogis. Man kann auch *Urdhva Mukha Svanasana* und *Adho Mukha Svanasana* dazu sagen, aber Daria spricht kein Sanskrit.

»Hunde sind die besseren Yogis«, resümiert die Yogafreundin. »Unsinn, Daria kann den Kopfstand nicht. Ich schon«, trotze ich. »Aber Hunde haben die reifere Einstellung: Sie machen ihre Übungen täglich, ohne nachzudenken, ob sie Zeit dafür haben. Sie genie-ßen Streicheleinheiten im Hier und Jetzt, ohne zu fra-gen, was morgen ist. Und der beste Moment ihres Tages ist nicht die Gehaltserhöhung, sondern das abendliche Wiedersehen mit ihren Lieblingsmenschen … Soll ich weiter aufzählen?« – »Danke, ich hab's verstanden«, murre ich. Meine eigene Yoga-Laufbahn ist nämlich im absoluten Tief.

»Zwölf Jahre Yoga sind genug«, hatte ich gedacht. Die zwölf darauffolgenden Monate ohne Yoga waren genug, um eine lahme Ente aus mir zu machen. »Muskelver-kürzungen«, sagte der Physiotherapeut, »Sie sollten Yogaübungen machen.« Also wird jetzt wieder geturnt: aufschauender Hund, abschauender Hund und so wei-ter, bis zum Kopfstand. Und daneben steht ein Beagle und macht den kopfschüttelnden Hund.

KAPITEL 7

Familienfeste: Weihnachten, Ostern und andere Kalorienbomben

Daria mag Feste. Und daran vor allem das kulinarische Rahmenprogramm. Im Oktober hat sie die Geburtstagstorte ihres Lieblingsmädchens ungefragt halbiert, bevor noch das »Happy Birthday« erklang. Und im November schlug sie erneut zu:

Bei der Party einer Freundin brachten wir die im Garten kühl gestellten Cremeschnitten im Haus, ehe wir Daria in den Garten entließen. Man wird ja klüger, wenn man einen Beagle hat. Der Beagle ist einem dann aber immer noch eine Nasenlänge voraus. Und so schaffte Daria es, die von der Gastgeberin – angeblich – unzugänglich im Garten versteckte Erdnusscremetorte zu finden, aus Folie und Springform zu befreien und zu halbieren.

Nur so viel: Die elf anwesenden Zweibeiner scheiterten später bei dem Versuch, die andere Hälfte dieser Mega-Kalorienbombe gemeinsam zu verzehren.

Daria frisst bei Festen wie ein Firmling, egal, ob jemand gefirmt wird. Auch bei Taufen, Erstkommunionen, Bürofeiern und Faschingspartys. Obwohl: Letztere sind ihr nicht geheuer.

Wenn vor unserem Wohnzimmerfenster alljährlich der Fasching tobt, macht sich Daria angesichts eines Landeshauptmanns und eines Bürgermeisters mit Narrenkappe ernsthaft Gedanken, ob sie selbst die Amtsgeschäfte übernehmen sollte.

Aber davor isst sie noch die Krapfenreste auf.

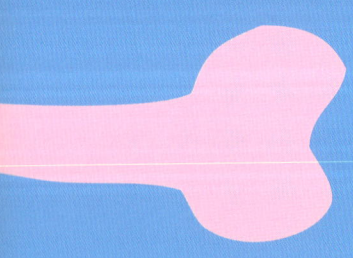

»Der Hund schleckt die Gabeln ab!«

Onkel E. wird zum nächsten Familienfest sein eigenes Essbesteck mitbringen.

Am Wochenende trafen wir einander bei Schwägerin O., um deren Geburtstag zu feiern. Daria war ganz besonders herzlich eingeladen. Was Onkel E. einigermaßen missfiel. Nicht weil er etwa Angst vor Hunden hätte. Sondern weil er sich schlicht vor ihnen graust.

Jeder, der sich beim Reinkommen nicht die Schuhe auszieht und morgens nicht unaufgefordert die Zähne putzt, ist in Onkel E.s Nähe unerbeten. Gern erzählt Onkel E. die Geschichte, wie er als Kind von seinem Vater einen kleinen Hund bekommen und dieser, als erste Amtshandlung im neuen Zuhause, ein Lackerl mitten im Vorzimmer platziert habe.

Womöglich hat sich der Welpe nur deshalb in die Hosen gemacht, weil Onkel E. schon als Kind eine Aversion gegen Hunde ausgestrahlt hat. Aber das lässt sich heute nicht mehr zweifelsfrei klären.

Ganz anders Schwägerin O. Sie liebt Hunde und lässt Daria alles durchgehen, was diese daheim nie dürfte. Umso fröhlicher dackelt Daria ins Wohnzimmer, beschnuppert selbstbewusst alle Gäste, unter ihnen auch Onkel E., dem sie eine herzhafte Begrüßung nicht erspart. Dann zieht sie sich in die Küche zurück und

versucht, den Abstand zwischen ihrer Schnauze und der Geburtstagstorte zu verringern.

Onkel E. erwähnt übertrieben laut und im Minutentakt, dass der Hund nicht in die Küche, sondern in den Garten gehöre. Schwägerin O. stellt sich taub. So geht das hin und her, bis der Hund schließlich im Geschirrspüler verschwindet und sich als Vorwaschgang wichtig macht.

Onkel E. kommt ins Wohnzimmer gelaufen und ruft: »Der Hund schleckt Gabeln und Messer ab! Das ist gefährlich!« Ich nehme ihm seine Besorgnis zwar nicht ab, greife aber ein. Daheim darf der Hund auch nicht in den Geschirrspüler.

Schwägerin O. hält mich zurück: »Wenn Daria schon bei Tisch nicht betteln darf, kriegt sie jetzt wenigstens die Reste von den Tellern!« Onkel E.s Contenance droht endgültig zu schwinden.

Vor dem Abendessen verabschiedet er sich. Daria hätte ihm gern ein Bussi gegeben, ist aber in der Küche unabkömmlich: Schwägerin O. ist beim Anrichten der Pastete ein Stück runtergefallen. Unabsichtlich.

An der überlangen Leine

»Schön«, denke ich und schaue dankbar hinüber zum Mann am Steuer. »Schön, dass wir kein normales Paar sind.« Wir fahren mit Daria in die Ötschergräben. Via Bildungsradio Ö3 erreicht uns die Nachricht, worüber »normale Paare« streiten. Zumindest jene Paare, die Lilly Becker, Drittfrau des gleichnamigen Boris, im Interview für »normal« hält: darüber, dass er ihre Freundin nicht mag und immer wissen will, wo sie war. »Schön, dass mir das Leben keinen Boris serviert hat«, denke ich.

Eine Stunde später weiß ich, worüber abnormale Paare streiten: darüber, ob der Hund von der Leine darf oder nicht.

Ich sage: »Unter keinen Umständen.« Der Mann sagt: »Aber Daria wäre so glücklich.« Ich: »Sicher nicht.« Er: »Eh nicht« – und leint sie ab. Ich (deutlich lauter): »Spinnst du?« Er: »Nur kurz, damit sie ans Wasser kann, um zu trinken.« Meine – keinesfalls druckreife – Reaktion fällt so heftig aus, dass Daria vor Schreck vergisst abzuhauen und sich zwischen uns drängt, um Kampfhandlungen zu unterbinden. Er: »Siehst du, sie wollte gar nicht weglaufen.«

Ich muss lachen.

Ebenso wie neulich. Vor Onkel E.s Sommerfest: Worüber streiten abnormale Paare wie wir? Darüber, ob der Hund mitkommt oder nicht, wenn Onkel E. bereits in der Einladung – unter Hinweis auf die Verwundbarkeit seines Mobiliars – ersucht, von der Mitnahme Unter-Zwölfjähriger (Kinder, nicht Hunde) abzusehen.

Onkel E. ist bekanntermaßen kein Hundefreund.

Ich sage: »Daria bleibt daheim.« Der Mann sagt: »Sie kommt mit.« Ich: »Sicher nicht.« Er: »Ich lege sie im Garten an die Leine.« Was er vergisst zu erwähnen: Er nimmt die 30-Meter-Leine mit.

Daria liegt also angeleint unterm Wacholder und beobachtet das Partygeschehen auf der Terrasse. Plötz-

lich entdeckt sie im Augenwinkel, dass ihr Herrl im Haus verschwindet, sie folgt ihm. Die Leine wird länger und länger. Daria durchquert den Garten, überquert die Terrasse, geht ins Haus und war-tet vor der WC-Tür. Ich renne hinterher. Onkel E.s Augen werden größer und größer, er zeigt auf den Hund und ringt nach Worten, doch es hat ihm die Sprache verschlagen. Als die Tür aufgeht und der Mann rauskommt, schau ich ihn an, so böse ich kann. Zumindest für eine Sekunde. Dann prusten wir los.

Die Feiertage als emotionale Kneippkur

Daria fetzt durchs Wohnzimmer und schüttelt ihren Stoff-Beagle tot. Dann schleppt sie ihn in ihr Körbchen und kuschelt sich an ihn. Typisch Weihnachten. Heiß/kalt. Nicht nur für uns Menschen sind die Feiertage eine emotionale Kneippkur. Auch der Hund ist hin- und hergerissen.

Ein echter Baum im Haus? Na endlich! – Aber man darf nicht daran markieren? Wozu dann das ganze Theater?

Eine duftende Gans im Rohr? Für Daria die reinste Aromatherapie. – Aber dann landet der Gänsebraten auf der Weihnachtstafel und nicht im Hundenapf.

Das Haus voller Gäste? Herzlich willkommen, vor allem die Vierbeinigen. – Aber mit denen soll man dann auch die hübsch verpackten Kauknochen teilen, die ein unsichtbares Meute-Mitglied namens Christkind unter den neuen Hausbaum gelegt hat? So weit geht die Beagle-Gastfreundschaft dann doch nicht.

Überhaupt fällt Daria auf, dass die Patchwork-Meute, die zu Geburts- und Feiertagen im Haus einfällt, immer hundelastiger wird. Jessi, die Große Münsterländerin, Nino und Vicky, das Berner-Sennen-Schäfer-Mischlingsgespann – all die entfernt verwandten Familienmitglieder durften bei uns jederzeit unverbellt ein- und ausgehen. Aber seit Kurzem kommt echte Konkurrenz

zu Besuch: Eine französische Bulldogge mit mitleidhei-
schendem Blick hat es den Kindern angetan.

Jene beiden Kinder, die Daria früher Tag und Nacht
ins Ohr gesäuselt haben, dass sie der beste, einzige,
wunderbarste Hund der Welt sei, tanzen jetzt um die
Bulldogge herum wie um das Goldene Ferkel.

Und Daria? Die bellt, um klarzustellen, dass hier sie
das alleinige Konsumationsrecht auf Streicheleinheiten
hat. Was machen daraufhin die Menschen? Schnauzen
sie an, dass sie »die Kleine« in Ruhe lassen solle, die tue
»ja eh nix«.

Nur eine versteht Daria: ihre Brieffreundin Lucy, selber Beagle. Die mailte Daria dieser Tage ihr Leid, dass
an Feiertagen immer ein Mops bei ihr auftauche, ihr
Spielzeug zerstöre und dennoch den Beschützerinstinkt
der Menschen wecke …

Familienfeste sind eben Emotions-Jo-Jos. Aber im
neuen Jahr kehrt hoffentlich wieder Ruhe ein.

Von Lieblingsverwandten und Widersacherinnen

Darias aktueller Familienstand: kompliziert. Ein Patchwork-Konglomerat aus divergierenden Menschentypen und Hunderassen. Seit Kurzem haben wir wieder einen neuen Hund in der Verwandtschaft. Daria, vor diesem Ereignis die uneingeschränkte Nummer 1 der beiden Nichten ihres Herrls, muss ihre Position im Leben der zwei Mädchen aufgeben. Oder sagen wir besser: neu definieren. Das klingt nicht so hart nach Depressionsauslöser.

Die zwei Nichten mit bisher unerfülltem Hundewunsch haben ihre Freundin Daria als Gasthund subtil daheim eingeschleust. Sozusagen als Köder für die ohnehin hundeanfällige Mama. Die sollte dann den hundeskeptischen Papa geschickt über die unvermeidliche Familienvergrößerung in Kenntnis setzen.

Es klappte. Der Eigenhund ist bereits eingezogen. Das süße Welpenmädchen hat ebenso weiche Ohren wie Daria, das unwiderstehliche Wuschelfell eines Kleinen Münsterländers und hörte bereits mit neun Wochen auf den Namen Ylvie (worin sie Daria, die auch nach vier Jahren Übung nicht immer hört, wenn man sie ruft, eindeutig überflügelt).

Daria muss jetzt Menschenaufmerksamkeit teilen und bekommt dafür mehr Hundeaufmerksamkeit, als sie mag. Denn das Welpenmädchen betrachtet Daria als Spielkameradin mit Duracell-Hasen-Antrieb. Und Daria erinnert sich nicht daran, dass sie als Welpe einst Jessi, die Große Münsterländerin im Patch-

workverband, genauso verrückt gemacht hat.

Harte Zeiten für Daria. Es gibt schließlich auch noch Ivy, ihre größte Widersacherin: Bulldoggendame mit der Gabe, Darias Lieblingskinder mitunter tagelang zu sich nach Hause zu entführen. Das wird keine Freundschaft mehr.

Immerhin treffen wir heute bei Omas Geburtstag den einzigen Mann in der Runde: Nino, den einmaligen Mischling aus Berner Senne, Schäfer und Teddybär. Darias Lieblingsverwandter, mit dem sie bestens harmoniert … bis Vicky auftaucht, Ninos Schwester. Die erklärt Daria dann deutlich, wer Ninos First Lady ist und dass sie sich gefälligst hinten anstellen soll.

Sobald der siebente Hund dazukommt, melden wir uns mit einer TV-Serie über Liebe und Intrigen im Hunde-Patchwork.

Faschingsumzug vorm Wohnzimmerfenster

Daria hält den Fasching für eine Narretei. Unter seinem Deckmantel verwandeln sich Männer freiwillig in Frauen, Frauen in Tiere (vorzugsweise Katzen, was Daria schwer irritiert). Und Tiere werden unfreiwillig mitverkleidet (was Daria besonders empört).

Die Standardverkleidung der meisten Zweibeiner in unserer Gegend ist darüber hinaus der Vollrausch (was Daria außer Tritt bringt, weil sie nicht weiß, wie sie den wankenden Gestalten, denen jeder Gehsteig zu schmal wird, ausweichen soll).

Vergangenen Sonntag war es wieder so weit: Ein mittelalterlich gekleideter »Herzog« übernahm – wie jedes Jahr zum Faschings-höhepunkt – die Stadtherrschaft (vermutlich, weil der reguläre Stadtherrscher um diese Zeit außer Betrieb ist).

Wie jedes Jahr nahm die Verwandtschaft in unserem Wohnzimmer-Erker Aufstellung, um auf den Faschingsumzug hinabzuschauen. Daria wurde unruhig. Die eintreffenden Verwandten sahen nicht aus wie immer, sondern waren von seltsamen Rotnasenkrankheiten und Frisurdefekten befallen. Aber das war noch gar nichts gegen die Parade, die sich unter unseren Fenstern bot: Der Landeshauptmann schritt – mit Narrenkappe – voran. Ihm zur Seite weitere Politiker, die ihm in der Wahl der Kopfbedeckung um nichts nachstanden.

Daria bekam den fragenden Blick: »Was passiert, wenn wir plötzlich von Narren regiert werden?« Ich überlegte: »Vielleicht gar nichts, weil die Regierenden nur ihr wahres Gesicht zeigen.«

Diese Antwort schien Daria eher zu beunruhigen: »Heißt das, ich sollte hier die Amtsgeschäfte übernehmen?«

Würdevoll, beinahe überheblich, schritt sie in die Küche, wo die Kinder sie mit ein paar Luftballons vom Krapfen-Bäcker erwarteten. Als die Kinder die blauen Ballons am Hundehalsband befestigten, wollte Daria entrüstet aufstampfen, doch das ging nicht, weil sie plötzlich schwerelos wurde und beinahe abhob: Die Ballons waren mit Helium gefüllt.

Daria beschloss, die Narren ihrem Schicksal zu überlassen, zerbiss die Luftballonschnüre und zog sich in ihr Körbchen zurück. Um auszuruhen. Denn nach dem Umzug kommt immer ihr persönlicher Faschingshöhepunkt: das Reinigen der Gehsteige von Krapfenresten.

Die Party des Jahres

Daria liebt Partys. Allen voran jene, bei denen im Stehen gegessen und reichlich gebröselt wird. Ebenso die, bei denen sich möglichst viele nette Menschen im Wettstreit um die Gunst des Hundes in Bodennähe herablassen, um Darias Brust, Nacken, Hals, Ohren … zu kraulen.

Wenn man Frau Beagle zu solchen Partys einlädt, kann man sich danach den Staubsaugereinsatz sparen. Und es ist damit zu rechnen, dass mindestens ein Gast mit der Absicht nach Hause geht, sich einen Beagle anzuschaffen.

Genau so war es, als vor einiger Zeit Hunderte KURIER-Leser auf Redaktionsbesuch in ein eigens dafür errichtetes Festzelt kamen. Es gab Frankfurter und Streicheleinheiten – jeweils in Überdosis. Daria war im Glück.

In regelmäßigen Abständen patrouillierte sie durch das Partyzelt und ließ sich bewundern. Einer älteren Dame, die ernsthaft laut über einen Eigen-Beagle nachdachte, reichte sie sogar die Pfote. Unaufgefordert. Einfach so. Weil sie Menschen mag.

Eigentlich wollte ich mit ihr einstudieren, dass sie dem Bundeskanzler und dem Vizekanzler die Pfote gibt. Aber sie war dagegen. Daria mag Menschen. Doch sie reiht sie nicht nach Funktionen, sondern nach Sympathie. (Nur der Mann vom Würstelstand hatte bei ihr eine Art Sonderstatus. Aber was ist schon ein Regierungschef gegen einen Würstelstandchef?)

Die plötzliche Unruhe im Partyzelt, als der Kanzler hereinkam, irritierte sie: Warum stiehlt ihr ein ganz normaler Mann ohne Schlappohren die Show? Nur wegen seines Dackelblicks? Daria zog sich beleidigt in ihr Körbchen unter meinem Schreibtisch zurück, bis der hohe Besuch wieder weg war.

Ansonsten war sie überaus kulant. Sie ließ sogar einen KURIER-Fest-Besucher leben, der uns argwöhnisch betrachtete und brummte: »Ich mag das überhaupt nicht, überall diese Hundegeschichten, nur weil immer mehr Frauen lieber einen Hund als einen Mann haben. Hunde sind eben pflegeleichter, ich weiß. Aber was soll da aus uns Männern werden?« Daria knurrte nicht einmal. Der Mann tat ihr einfach nur leid.

KAPITEL 8

Gehorsam? Ist etwas für Rekruten und Schäferhunde

Ich verrate hier nicht zu viel, wenn ich enthülle, dass bedingungsloser Gehorsam nicht zu den stärksten Disziplinen des Beagles zählt. Der Beagle hat andere Talente. Etwa die Fähigkeit, in jedem Moment eigeninitiativ abzuwägen, was – aus seiner Sicht – gut für ihn ist.

Das führt zwangsläufig zu autonomen Entscheidungen, die nicht immer deckungsgleich mit den Kommandos von uns Menschen sind. Was wiederum erklärt, warum sich das mit dem Gehorsam nicht ausgehen kann.

Aber Kommandos sind ohnehin nur ein schwaches Behelfsmittel im Umgang mit dem Beagle. Besser ist, man einigt sich mit ihm, ehe er auf eigene Ideen kommt. Meine Empfehlung aus jahrelanger Erfahrung: Versuchen Sie nicht, ein Kind oder einen Beagle zu erziehen. Man zieht dabei ohnehin meist am falschen Ende. Kooperieren Sie lieber!

Dennoch sollte der Hund zumindest eine Teilalphabetisierung in Benimmfragen durchlaufen. Ein Mindestmaß an Gehorsam sei nötig, damit ein Hund als sozial verträglich eingestuft werden könne. Das erklärte uns schon die Trainerin in der Hundeschule, als wir damals mit all unseren Zehn-Wochen-Welpen zur ersten Unterrichtsstunde Aufstellung nahmen: »Bringt euren Tieren lieber rasch Manieren bei. Heute findet noch jeder euren kleinen Liebling süß. In drei Monaten aber haben viele Angst vor euren Hunden, vor allem vor den Schwarzen. Nur vorm Beagle wird sich nie jemand fürchten. Den finden immer alle süß mit seinen Schlappohren.«

Unser Beagle lässt sich nicht vorführen

Ein Hund ist kein Auto. Und dennoch entdecke ich gewisse Parallelen. Wie zum Beispiel den Vorführeffekt: Kann das Auto etwas Besonderes – etwa beim Starten hüpfen, statt anzuspringen –, so tut es das nur, wenn wir unter uns sind. Kaum kommen der Mechanikermeister und sein Geselle mit dem Abschleppwagen, misslingt das Kunststück, und mein Auto springt ganz normal an. Typischer Fall von Vorführeffekt.

Kann der Hund etwas Besonderes – etwa auf Pfiff aus jeder Distanz herbeieilen –, funktioniert das nur, wenn wir beide entspannt sind. Spüre ich Leistungsdruck aufgrund von extrem  neugierig schielendem Publikum, bleibt der Hund aus.

Daria kooperiert gern, aber sie lässt sich nicht vorführen. Beruhigend ist da immer wieder die Erkenntnis: Ich bin nicht allein.

Auf der Hundewiese ist der Bär los. Daria rennt von einem Hund zum anderen, spielt, tobt wie ein Welpe den Hang hinauf bis zu dem kleinen Wäldchen.

Dort stürmt ein schwarzer, zottelbäriger Hund heraus, dahinter eine zarte Dame mit – wie sagen wir es höflich? – ungewöhnlich kräftiger Stimme: »Aramis, HIE-IERher!«

Der Aramis stellt sich taub und rast weiter auf Daria zu. Da wieder! Diese Stimme! Diesmal noch lauter: »ARAMIS! DA kommst her!« Der Aramis kann das gar nicht hören, weil er bereits locker 100 Meter weit weg ist und Daria zum Spielen einlädt. Die macht dabei einen dreifachen Überschlag, findet den Aramis trotzdem interessant, rappelt sich auf, schüttelt sich und springt an ihm hoch. Er schleudert sie im Rückwärtssalto durch die Luft.

Hinter mir die Stimme, mittlerweile auf 120 Dezibel angeschwollen: »AAARAMIS, WENNST JETZT NED GLEI KUMMST, PASSIERT WOS!«

Ich kenne dieses Gefühl der Ohnmacht, wenn Hunde ihre Halter dumm dastehen lassen, und habe Mitleid. Also pfeife ich. Daria rennt zu mir. Der Aramis hinter ihr her. Damit habe ich nicht gerechnet. Wird er mich auch im Rückwärtssalto über die Wiese schleudern?

Ich stelle mich ihm in den Weg. So breitbeinig wie möglich. Er stoppt, staunt, vernimmt das mittlerweile verzagte Winseln der Frau: »Aaaaaraaaaamis, was is' heut nur los mit dir?« Da trottet er – ganz Gentleman – rüber und tröstet sie. Sie nimmt ihn an die Leine, geht auf mich zu und versichert mir: »Normal kommt er IMMER!« Ich nicke: »Ja, ich weiß.«

»Bis hierher und keinen Schritt weiter«

An sich folgt uns der Hund auf Schritt und Tritt. Aber es gibt Grenzen. Zum Beispiel die Ecke Viechtlgasse/ Bachpromenade. »Hier trennen sich unsere Wege«, sagt Darias Blick. »Keinen Schritt weiter«, signalisiert ihr Körper. Sie rammt die Vorderbeine in den Boden und stemmt sich gegen den Zug an der Leine.

Sie will geradeaus gehen, zu ihrer besten Freundin Tathie, um dort im Garten herrlich vergammelte Lammknochen auszubuddeln. Ich nicht. Ich will nach links gehen, um den Bach entlangzupromenieren. Sie nicht.

Daria will mit Tathie ein, zwei Runden Schlamm-wrestling im Garten absolvieren. Ich nicht. Unsere Interessen kollidieren.

Daria sitzt jetzt nicht mehr, sie liegt auf dem Weg (und im Weg). Das verleiht ihrer Forderung Nachdruck: Die Radfahrer müssen einen Bogen um den Hund fahren – einige lachen mich aus.

Da kommt mir Gabriele in den Sinn, Darias Agility-Trainerin. Die würde mich jetzt anschnauzen: »LASS IHR DAS NICHT DURCH-GEHEN!« Recht hätte sie. Dennoch sucht mein Kopf nach Argumenten, die den Hund in Schutz nehmen: »Würde ich nicht auch lieber geradeaus gehen und mit Tathies Frauchen einen Kaffee trinken?« Aber die beiden sind verreist.

Wenn ich Daria jetzt erkläre, dass Tathie nicht hier ist, weil sie im Gesäuse Urlaub macht, käme maximal ein »Gut, dann gehen wir eben ins Gesäuse, welche Richtung ist das?« zurück.

Also sage ich gar nichts und ziehe erfolglos an der Leine. Da fällt mir Astrid ein, Darias erste Hundetrainerin im Welpenkurs: »DU MUSST DICH INTERESSANT MACHEN!«, würde sie raten. Ich überlege kurz, dann lege ich mich neben Daria, mitten auf den Weg.

Tatsächlich hebt Daria interessiert den Kopf. Kurz. Dann schenkt sie mir einen mitleidigen »Meinst-du-das-ernst?«-Blick und bleibt liegen. Die Radfahrer müssen jetzt einen größeren Bogen machen.

In dem Moment fällt mir wieder ein, wie man sich beim Beagle unmissverständlich interessant macht: Ich hole die Hundekekse aus der Tasche und streue sie auf das Mäuerchen entlang der Bachpromenade. Daria schnuppert, erhebt sich in angemessenem Tempo und schwenkt in die Bachpromenade ein. Die Hänsel-und-Gretel-Taktik wirkt. Gut so. Wohin wir gehen, bestimme immer noch ich.

Und sobald Tathie vom Urlaub zurück ist, gehen wir an der Ecke Viechtlgasse/Bachpromenade wieder geradeaus. Weil ich es will.

Durchgestrichener Hund

Der Hund fühlt sich dis-
kriminiert. Von seiner
Natur her ein geselliges
Wesen, das gern dazu-
gehört, nimmt unser
Beagle durchgestri-
chene Hunde auf Hin-
weistafeln sehr per-
sönlich. Und in
unserer Umgebung
sprießen die Hunde-
verbotsschilder der-
zeit heftiger als die
Gänseblümchen.

Daria wittert Aus-
grenzung: »Wieso
streichen die mich durch?« – »Weil sie dich hier nicht
haben wollen.« Daria geht auf das Schild zu und
betrachtet die Zeichnung genauer: »Aber das bin gar
nicht ich! Meine Schnauze ist nicht so spitz.«

»Das ist jeder Hund«, erkläre ich. – »Wie? Jeder?« –
»Das gilt für alle Hunde, weil vermutlich der eine oder
andere hier etwas hinterlassen hat, das der Verwalter
dieses Rasenquadrats nicht als Wertsteigerung oder
optischen Aufputz seines Fußabstreifers wertet.«

»Heißt das, dass hier alle Hunde unerwünscht sind, weil manche Hundehalter sich nicht benehmen können?«, fragt Daria. – »Exakt das heißt es.«

»Gut«, bohrt sie weiter, »wäre es dann nicht fairer und intelligenter, Schilder mit durchgestrichenen Hundehaltern aufzustellen?«

»Ausgrenzung ist schon von ihrer Absicht her weder fair noch intelligent«, werfe ich ein, »aber wenn du möchtest, können wir das gern bei der Gemeinde anregen. Und jetzt raus aus dem Rasenfleck! Du begehst hier eine Verwaltungsübertretung!«

Daria bohrt ihre Pfoten ins Sperrgebiet: »Was ist das, eine Verwaltungsübertretung?«

»Es bedeutet, dass man etwas Verbotenes tut.« Sie überlegt: »So wie Parmesanbröseln vom Küchentisch stehlen?« – »Nein, das ist eine Hausordnungsübertretung.«

Daria grübelt: »Was ist schlimmer?« Ich: »Das hier.« Daraufhin beschließt sie, beim nächsten Mal nicht nur die Bröseln, sondern gleich das ganze Stück Parmesan vom Küchentisch verschwinden zu lassen und bohrt die Pfoten noch tiefer in den Boden neben dem Verbotsschild.

Nicht erwünscht zu sein tut weh.

Mehr Respekt für Hundeangsthasen

Daria und ich betreten die Hundewiese. »Schau, da kommt der folgsame Beagle wieder!«, ruft die ältere Dame ihrem Collie zu. Instinktiv drehe ich mich um, um zu sehen, welcher Beagle hinter uns kommt. Der Folgsame nämlich.

Aber da ist niemand. Daria fühlt sich sofort angesprochen und läuft schwanzwedelnd auf die Dame und den Collie zu. Ich schaue skeptisch. Die Dame ruft fröhlich in meine Richtung: »Jaja, ich meine Ihren Hund. Der kommt, wenn Sie pfeifen, und springt nicht an Menschen hoch. Ich beobachte das schon länger.«

Sofort hole ich zu einem umfassenden »Ja eh, AAAABER« aus, als mir klar wird, dass die Dame recht hat. Was sie sagt, ist zwar nur ein Ausschnitt der Wahrheit. Aber ein nicht unwesentlicher.

Was zählt schon Darias Sündenregister – ein zerbissener Designerschuh aus Rom, mehrere gestohlene Geburtstagstorten, nächtliche Ausflüge aus dem Hundekorb auf die verbotene Couch … – gegen diese Verlässlichkeit? Unser Hund hat vom ersten Tag an gelernt, nicht hochzuspringen. Und das, obwohl uns immer wieder wildfremde Menschen begegneten, die sagten: »Lassen Sie den Hund, bei mir darf er das!« Eigentlich ein dummer Satz. Wie sollte ich Daria erklären, dass Hochspringen verboten, aber etwa bei der Dame im roten Regenmantel erlaubt ist (und von dieser auch noch mit Hundekeks belohnt wird)?

Leserin Anita H. schreibt uns, dass sie Angst bekommt, wenn Hunde an ihr hochspringen. Sie legt Wert auf die Feststellung, dass sie keine Hundehasserin sei, aber in Panik gerate, wenn Hundehalter ihr Tier nicht zurückpfeifen können. Und sie ersucht höflich, über Menschen, die Angst vor Hunden haben, nicht zu spotten.

Liebe Frau H., wir haben einen ähnlichen Fall in der Familie. Wir verstehen und respektieren Ihre Sorge. Und sollten wir einander je begegnen, wird Daria nicht an Ihnen hochspringen.

Obwohl: Mancher Hundeangsthase wurde durch Daria von seiner Angst befreit. Neulich abends rief ein Jogger aus dem Dunkeln: »Kommt da ein Hund? Anleinen!« Ich leinte Daria an. Der Mann kam näher, erblickte Daria und lachte: »Na DEN hätten Sie nicht an die Leine nehmen müssen. Wer soll sich denn da fürchten?« Ich glaube, Daria war beleidigt.

Der Nase ist nicht zu helfen

Kühe sollen ja einen sechsten Sinn haben. Angeblich fressen sie mehr Gras, bevor die Wiese unter einer Schneedecke verschwindet – ganz ohne Fernseh-Wetterbericht und Internetzugang.

Sechster Sinn? Bei Daria hielt ich das bisher einfach für den »richtigen Riecher«: Wir Menschen, die wir uns unseren Hunden so gern überlegen fühlen, würden mit unserem Geruchssinn nicht einmal als deren Nachhilfeschüler durchgehen. Hunde riechen etwa eine Million Mal besser als Menschen. Das ist eine andere Liga.

Also überlasse ich Daria das Schnüffeln. Und staune nicht schlecht, wenn sie wieder einmal die vier Pfoten in den Boden rammt und sich weigert weiterzugehen. Denn zwinge ich sie dazu, begegnet uns garantiert um die nächste Straßenecke der Border Collie mit den Verhaltensunregelmäßigkeiten, der Daria bei jeder Gelegenheit unmissverständlich klarzumachen versucht, dass diese Stadt nicht groß genug für sie beide ist. Daria geht ihm aus dem Weg. Und ich? Zwinge den Hund weiterzugehen, weil ich die nahende Gefahr nicht wittere.

Für die Augen gibt's Brillen, für die Ohren Hörgeräte – nur der Nase ist nicht zu helfen. Außer man hat einen Hund und nimmt dessen Signale ernst. Das ist aber gerade beim Beagle nicht so leicht, gilt der doch als extrem selbstbestimmt (Lästermäuler sagen auch »stur« dazu).

Und so war ich dieser Tage wieder einmal sauer, als Daria sich weigerte, mit mir auf den Berg zu gehen. Okay, es tröpfelte. Aber wir sind ja bitteschön nicht aus Zucker.

»Na, dann nicht«, brummte ich, ging zurück in die Stadt und hängte Daria vorm Supermarkt an. Auch da zog sie wie verrückt an der Leine. »Zicke, es tröpfelt nur!«, zischte ich, erlaubte ihr aber ausnahmsweise, unter einem nahe gelegenen Vordach zu warten. Als ich zur Kassa kam, begann es heftig zu hageln. Ich stürmte raus zu Daria. Doch die saß zufrieden unter ihrem Vordach und beobachtete gespannt die panisch Schutz suchenden Passanten.

Als wir heimkamen, waren die Stiefmütterchen vorm Haus dem Hagelmassaker zum Opfer gefallen. »So hätten unsere Frisuren auch ausgesehen, wenn wir auf den Berg gegangen wären«, murmelte ich. Daria nickte unmerklich. Wie hat sie das nur geahnt?

128

KAPITEL 9

Unter Hunden: In allerbester Gesellschaft

Man tut ja sein Bestes, um dem Beagle zu gefallen. Und der Beagle will nicht unhöflich sein, also lässt er einen wissen, dass er gern unter Menschen ist, besonders unter »seinen« Menschen.

Aber das ändert nichts daran, dass diese Rasse für ein Leben in der Meute gezüchtet ist. Je mehr Beagles, desto schöner. Und wer als Erster die Wildfährte aufnimmt, rennt mit grellem Spurlaut, laut kläffend, voran. Alle anderen hinterher. So macht das Leben Spaß.

Natürlich könnte man das auch mit seinen Menschen probieren. Aber die spielen da nicht so überzeugend mit, stolpern alle paar Meter im Unterholz, riechen das Reh nicht aus einem halben Kilometer Entfernung, und nur die wenigsten können stundenlang rennen und dabei gleichzeitig kläffen.

Kuscheln geht ganz gut mit Menschen. Auch zum Auffinden (und sogar Teilen) von Nahrung sind sie durchaus brauchbar. Aber bereits beim Um-die-Wette-Laufen werden ihre Schwächen sichtbar. Da sind Menschen keine ebenbürtigen Gegner. Von Ausdauer ganz

zu schweigen (sowohl im Dauerlaufen als auch im Dauerfressen).

Manchmal ist es einfach schön, unter Hunden zu sein. Sei es beim Beagle-Familientreffen oder beim Zusammentreffen mit den verschiedenen Hunden unserer menschlichen Patchwork-Familie. Daria liebt sie alle. Mit wenigen Ausnahmen.

Wahre Größe

Daria trägt die ihr eigenen Merkmale mit Würde. Da könnte sich manche Menschenfrau einiges an Selbstbewusstsein abschauen. Obwohl sie oft wegen ihrer Körpergröße gehänselt wird, hat sie nie an High Heels gedacht. Und wenn jemand über ihre großen Ohren lacht, rennt sie nicht zum plastischen Chirurgen, sondern über die Wiese, dass ihre Dumbo-Ohren nur so fliegen.

Daria wird nie die endlos langen, schlanken Waden eines Windhunds haben. Aber ihr ist das egal. Neulich, als sie beim Spielen laut keuchend hinter einer Windhündin herhetzte, rief ihr deren Besitzer zu: »Geh, Klane, reg di ned so auf! Deine Hax'n san hoid z'kurz!«

Da schlug sie elegant einen Haken und trickste die Langbeinige aus.

Daria wird auch nie die (Körper-)Größe einer Dogge erreichen. Das Rasseverzeichnis aber sagt: Die Deutsche Dogge vereinigt in ihrer edlen Gesamterscheinung Stolz, Kraft und

Eleganz. Na da kann Daria locker mithalten: Vor Kurzem trafen wir eine Gassirunde aus Herrln und Hunden. Alle kreisförmig aufgestellt. Die Herrln diskutierten über Politik, die Hunde standen fad daneben. Schäfer, Labrador, Rottweiler – alles große Tiere (die Herrln sowieso). Da kam Daria und bellte den elitären Kreis mit ihrer Spielaufforderung heftig durcheinander: Die Hunde liefen los, warfen sich auf die freche Kleine, hetzten sie, ließen sich von ihr fangen und spielten wie die Jungtiere.

Die Herrln betrachteten das skeptisch. Sie befürchteten, ein paar Schritte gehen zu müssen, weil zu viel Bewegung in die Runde gekommen war. Einer von ihnen spottete grinsend in meine Richtung: »Heans, Ihnare Dogge bringt da alles durcheinander!« Die anderen lachten schallend. Und Daria? Die trug es mit der ihr eigenen Würde.

So geht das, meine Damen: Wenn sich jemand über uns lustig macht, machen wir uns nicht kleiner, als wir sind. Zeigen wir unsere wahre Größe!

Und wissen Sie, wie die längst ausgewachsene Beagle-Dame reagiert, wenn wieder einmal jemand sagt: »Jö, ist die süß, wie groß wird die denn?« Sie reagiert GAR NICHT, rührt kein Ohrwaschel (außer ein Windstoß kommt gerade daher).

Denn wahre Größe lässt sich nicht in Schulterhöhe oder Beinlänge messen. Wahre Größe zeigt sich im Herzen. Wie sagte neulich ein Schäferhundbesitzer, als Daria seinem Hasso den Ball wegnahm? »Ihr Hund hat aber ein großes Herz!«

Die Großriecherin und das Kleingedruckte

»*Der Hund ist ein Nasentier. Er riecht eine Million Mal besser als der Mensch*«, sagt das Lexikon. Wahrscheinlich hat das Lexikon noch nie nassen Hund gerochen oder unseren Beagle, nachdem er sich in Unaussprechlichem gewälzt hat. So eine Aroma-Bombe riecht keineswegs besser als ein Mensch. Da kann kein büroschweißparfümierter U-Bahn-Passagier mithalten. Aber das führt jetzt zu weit.

Zurück zum Start: Hunde sind Nasentiere, sogenannte Makrosmaten (das ist griechisch für »Großriecher«). Wir Menschen sind demgemäß »Kleinriecher«, Mikrosmaten.

Jeden Morgen gehe ich Kleinriecherin mit meiner Großriecherin auf Spurensuche. Während ich die Neuigkeiten zum Tag aus der Zeitung erfahre, informiert sich Daria über andere Nachrichtenkanäle – etwa Kanaldeckel. Oder Laternenmasten, Hausecken … Sie schnüffelt. An allem. Detektivisch.

»Ihr Hund muss auch ›Zeitung lesen‹, lassen Sie ihn auf der Morgen-runde ausgiebig schnuppern«, steht im Hunde-Ratgeber. Wie bitte? Der Hund muss Zeitung lesen? – Ich kann diesen Spruch nicht leiden. Denn Zeitung ist so viel mehr als das Lackerl vom Nachbarshund. Zeitung ist das Herzblut der Menschen, die sie machen.

Daria liest ausgiebig. Auch das Kleingedruckte. Vier Schritte vor, Zeitung lesen am Hydranten; drei Schritte zurück, Zeitunglesen am Fahrradständer. Dazwischen begegnen uns immer wieder beängstigend gut gelaunte Passanten, die mich nicht zu sehen scheinen, dem Hund aber aufmunternd zujauchzen: »Ja guten Moooorgen, du liest die Zeitung!«

Wenn ich ganz ehrlich bin, muss ich natürlich zugeben, dass die Parallelen zur Zeitung auf der Hand liegen: Daria klärt auf ihrer Morgenrunde all jene Dinge, die ich später zum Kaffee in der Zeitung lese: Wer hat wem ans Bein gepinkelt? Wer markiert heute wo? Wer hat welchen Haufen hinterlassen, der zum Himmel stinkt?

Dennoch bin und bleibe ich Gegnerin des Zeitungs-vergleichs. Neulich hörte ich auf unserer Morgenrunde einen viel netteren Spruch. Daria schnüffelte hinge-bungsvoll an einem seltsam besprenkelten Randstein. Da bleibt eine Oma mit ihrem Enkel stehen und sagt: »Schau mal, der Hund liest einen Liebesbrief.«

Einer ist immer das Krokodil

Der Schwarze spielt Krokodil und schnappt nach Daria. Da! Jetzt hat er sie ganz im Maul. Donnergrollen in seiner Kehle.

Jetzt erst gibt sich sein Herrl zu erkennen. »Geh Tschunior, spü di doch ned so auf«, raunzt ein Mann, der etwas abseits unter ein paar Gleichgesinnten steht und mit seiner brennenden Zigarette die nächste anraucht, ehe er die erste mit dem Schuh abdämpft.

Seit er daheim UND in seinem Stammcafé nicht mehr rauchen darf, kommt er hierher, in die Hundeauslaufzone.

Für ihn ist das die Ausrauchzone. Hier kann er rauchen, ohne angestänkert zu werden, und seinen Zorn verrauchen lassen, wenn er daheim Streit hatte.

Daria und ich testen gern Hundeauslaufzonen. Sie überprüft das vierbeinige Personal, ich das zweibeinige – auf Spieltauglichkeit und Sozialverträglichkeit.

Die Auslaufzone, in der wir heute zu Besuch sind, ist groß und sehr gepflegt (bis auf den überdimensionalen Naturaschenbecher, in dessen Zentrum Tschuniors Herrl steht). Sie liegt auf einem kleinen Hügel, am oberen Ende ist ein kleiner Wald. Ich verstecke mich hinter einem Baum und pfeife. Daria kommt angetrabt. Ich quietsche vor Begeisterung, belohne sie und laufe mit ihr um die Wette. Die Männer drüben im Naturaschenbecher schauen irritiert zu uns herüber, so, als fragten sie sich, ob ich richtig ticke. Aber als wir uns verabschieden, grüßen alle freundlich zurück.

Bei einer anderen Auslaufzone stehen vier Männer direkt am Eingang. Sie reden und rauchen. Daneben vier Hunde. Die reden und rauchen nicht. Denen ist langweilig. Als wir uns nähern, springen sie bellend am Zaun hoch. »Kommen Sie ruhig herein«, sagt ein Herr. »Sieht nicht nach freundlichem Empfang aus«, entgegne ich. Die Hundehalter lachen.

Etwa acht Meter tiefer, in einer Senke, befindet sich ein riesiger Auslaufbereich. Schön. Aber leer. Denn man müsste am Ende acht Höhenmeter überwinden, um zurück zum Eingang zu gelangen. Als Daria und ich in die Senke laufen, rennt uns ein Hund nach, als wolle er sein Wohnzimmer verteidigen. Er schnappt nach Daria. Die quietscht. Ein Mann ruft aus der Raucherecke: »Der will nur spielen!« – »Ja, mit Ihnen«, schnauze ich zurück, »weil ihm das ewige Herumstehen langweilig wird.« Wir gehen. Diesmal grüßt niemand zurück.

Die Eifersucht ist ein Hund

Eifersucht. Selbst die buddhagleiche Daria, die kein zwischenmenschliches Erdbeben aus der Ruhe bringen kann, ist vor dieser Nagekrankheit an Herz und Seele nicht gefeit.

Schwächere Ausformungen sind immer dann spürbar, wenn zwei Familienmitglieder näher zusammenrücken, als es Daria lieb ist. Egal, ob auf der Couch oder auf der Straße: Sofort drängt sich der kleine Hund dazwischen, auch wenn scheinbar kein Blatt zwischen die zwei Menschen passt. Der Beagle passt immer rein.

Deutlich heftigere Ausformungen der Eifersucht treten zutage, wenn Darias Lebensmensch und Hausherrl beim Streicheln fremdgeht. Da versteht die Hundedame überhaupt keinen Spaß mehr und stimmt ein gutturales Wehgeschrei an, das mehr nach orientalischem Klageweib als nach mitteleuropäischem Haushund klingt.

Am schlimmsten aber sind die Symptome, seit Darias Lieblingskinder einen Zweithund haben, bei dem sie gern ihre Wochenenden verbringen: Die neue Bulldogge im Patchwork-Verband, die von den Kindern mit Zuwendung, Streicheleinheiten und sogar freiwilligen Spaziergängen verwöhnt wird, lässt Daria zur Furie werden.

Das Interessante daran: Alle anderen Hunde dürfen es sich jederzeit auf dem Schoß von Darias Lieblingsmädchen bequem machen. Die Bulldogge aber darf sich nicht einmal unserem Haus nähern.

Neulich kam Darias jüngerer Bruder Emil zu Besuch. Das Menschenmädchen umarmte den hübschen Hundebuben und bewunderte Emils wunderbar weiche Ohren. Daria sah sogar großzügig darüber hinweg, dass dieser Emil mit ihrem Lieblingsmädchen auf ihrem Hocker saß.

Und als wir unlängst Darias neue Welpen-Geschwister besuchten, durften sechs Babyhunde gleichzeitig mit Darias Mädchen kuscheln. Daria interessierte sich nicht dafür.

Doch vorigen Freitag, als die süße, kleine Bulldogge anläutete, um die Kinder abzuholen, da fletschte Daria die Zähne, stellte die Haare auf und drohte, den armen Hund zu zerfleischen.

Die Liebe der Kinder zur Bulldogge zerreißt Darias Herz, weil sie Darias Meute zerreißt. Konsequenterweise zerreißt Daria daher die Bulldogge in der Luft (wenn wir sie nur ließen …). Menschen-Patchwork ist nicht leicht, Hunde-Patchwork fast unmöglich.

Eine Party für die Hunde

Was ist schöner als ein Beagle? 30 Beagles auf einem Fleck. So ein Familientreffen ist eine Wonne. Aber schafft es unser Terminkalender? Jetzt hat auch noch der Hund Termine! Ausgerechnet an dem Wochenende, an dem die Kinder zu Trainingscamp, Ländermatch, Pyjamaparty und Infoabend fürs Auslandssemester wollen. Und all das an irgendeinem anderen Ende der Stadt, an deren Rand wir wohnen. Mitten in diese logistische Jonglierübung flattert die Daria-Einladung:

»JUHUU, wir sind eingeladen! Zum Herbstfest auf der ›Beaglewiese‹, morgen, Samstag. Ich bin auch da und freue mich, wenn ich meine ›Kleinen‹ wieder einmal sehen darf.«

Wenn Darias Züchterin Eva solche E-Mails schreibt, gibt es keinen Diskussionsspielraum. Da müssen wir hin. Denn Daria liebt Eva wie eine Mama. Wenn Eva mit glockenheller Stimme »Hundihundihundi!« ruft, kommt Daria in Lichtgeschwindigkeit angaloppiert.

Nach kurzer Koordination steht fest, dass wir Darias Rendezvous zwischen zwei Vormittags- und zwei Abend-Kinderterminen einschieben können. Also fahren wir los, suchen die »Beaglewiese« und landen auf einem Weg, neben dem eine Betonmauer verläuft. »Hier muss es sein!«, schießt es mir durch den Kopf. Denn bei der Wegbeschreibung stand: »Die Wiese ist beaglesicher eingezäunt.« In dieser Mauer findet nicht einmal Daria ein Schlupfloch. Aber die Mauer stellte sich nicht als Beaglezaun, sondern als Hochwasserschutzmaßnahme heraus.

Die »Beaglewiese« liegt daneben und ist – deutlich freundlicher – mit Maschendrahtzaun fluchtsicher gemacht. Doch Daria will gar nicht flüchten. Im Gegenteil. Sie begrüßt ihre Artgenossen, fetzt mit der Meute einer kleinen Beagledame hinterher, die den Hasen spielt, und lässt sich von Evas *Hundihundihundi!*-Rufen locken.

Auch wir Menschen haben Spaß. Wo sonst trifft man Zweibeiner, mit denen man sich so angeregt über Beagle-Spezialfutter unterhalten kann? Es gibt Punsch und Kuchen. Ich stelle mich an, um Punsch zu holen. Da fragt eine Dame die Umstehenden: »Lesen Sie auch immer die Beagle-Kolumne im KURIER?« Die anderen nicken und erzählen einander die jüngsten Daria-Geschichten. Rasch nehme ich den Punsch und laufe rüber zu Daria. Das muss ich ihr erzählen!

Die liebe Familie

Am Sonntag hatten wir den unmittelbaren Vergleich: Zuerst begleitete uns Daria zum Menschen-Familientreffen. Danach begleiteten wir Daria zum Hunde-Familientreffen (denn mindestens einmal im Jahr sind Darias Oma, Eltern, Tanten, Onkel und Geschwister aus der Zucht da Casa Catarina zum Familientreffen geladen).

Augenscheinlichster Unterschied der beiden Veranstaltungen: Bei ausgewachsenen Hunden ist der Rauf- und Spaßfaktor deutlich höher als bei ausgewachsenen Menschen. Während sich die Menschen – nach ausgiebigen Diskussionen über die Sitzordnung – relativ friedlich um einen Tisch gruppieren, ist die Hundegroßfamilie ständig in Bewegung. Da wird gerannt, gerempelt, gecatcht, gebellt, gequietscht. Eine kleine Meinungsverschiedenheit über die Besitzverhältnisse an einem Holzstöckchen kann sich zum lautstarken Familienkrach auswachsen.

Das Verblüffende: Kaum ist das Stöckchen uninteressant, harmoniert die Meute wieder, als wäre nichts gewesen. Hunde sind nicht nachtragend.

Bei beiden Familientreffen spielte übrigens das Essen eine gewichtige Rolle. Allerdings gab es bei den Menschen Suppe, Hauptspeise und Dessert, während die Hunde mit nur einem Gang abgespeist wurden. Viel-

leicht war das der Grund, warum die Menschen eher die Contenance wahrten und die jüngeren Menschenrüden nur mit Gabeln um das letzte Stück Fleisch rangelten, während die testosterongetriebenen Junghunde mit Zähnen und Klauen um das letzte Stück Blunze rauften.

Die Blunze (auch Blutwurst genannt) ist – neben den Hunden – die Hauptattraktion des Beagletreffens: Von der Züchterin vorher liebevoll in gleich große Stückchen geteilt, wird sie von mutigen Menschen ans hintere Ende des Hundeplatzes getragen, während die Beaglemeute ungeduldig kläffend am anderen Ende Aufstellung nimmt (selbstverständlich angeleint, sonst würde hier niemand Aufstellung nehmen).

Auf »Los!« rennen alle Hunde, die vorher kreuz und quer über den Platz gelaufen sind, schnurgerade Richtung Blunze. Auch Daria sichert sich ohne Umweg ihr Stück sowie weitere Kostproben. So ist das. Wenn's um die Wurst geht, rennen alle in dieselbe Richtung.

Er hatte das Leben gepachtet

So viel Schönes rennt einem im Lauf eines Jahres über den Weg: schnelle Hasen, zart geselchte Schweinsohren, unbeaufsichtigte Geburtstagstorten, sogar Fans, die sich ein Rendezvous mit dem KURIER-Beagle wünschen. Das Leben ist schön. Alles gut im Hundekosmos.

Und sollte einmal etwas nicht gut sein, lassen wir's gut sein und gehen zum nächsten Punkt über. Der ist bestimmt gut. Es lebe das Leben. Ein Beagle ist der Inbegriff des Lebens.

Doch nicht einmal ein Beagle-Jahr ist durchgehend heiter. Kurz vor dem Jahreswechsel kam die Nachricht. Todesfall in der Familie: Darias jüngerer Bruder Vito wird beim nächsten Treffen auf der Beaglewiese nicht mehr dabei sein. Die Züchterin, der wir unsere wunderbaren Hunde verdanken, schrieb am Morgen des 13. Dezember:

»Alles Wissen, die Gesamtheit aller Fragen und aller Antworten, ist in den Hunden enthalten«, sagt Franz Kafka. Vito hat vorzeitig sein Köfferchen gepackt und alles mitgenommen!

Wer da nicht weint, hat entweder kein Herz oder aber »alles Wissen, die Gesamtheit aller Fragen und aller Antworten«. Binnen Sekunden spürte ich Tränen auf den Wangen. Daria weinte nicht. Hunde können nicht weinen.

Vito war knapp zehn Monate alt, aber schon ein selbstbewusster Rüde, unwiderstehlich in seiner dominant-charmanten Art, alle einzubeziehen. Er hatte dieselben Eltern wie Daria und stammte aus dem »F-Wurf«, dem übernächsten nach Daria und deren Geschwistern. Daher hieß er offiziell »Fidelis«. Seine Lebensmenschen riefen ihn Vito. Beides passte: das lateinische Adjektiv *fidelis* heißt treu. Und Vito kommt von *vita* – Leben.

Einer, der das pralle Leben gepachtet zu haben schien, zeigte uns, wie schnell es verfliegen kann. Und wie gesegnet wir sind, mit einer Hündin, die seit Jahren pumperlgesund, unterhaltsam frech und glücklich ist.

Vito hatte eine Nierenschwäche. Das kann vorkommen. Bei Menschen und bei Tieren. Seine Lebensmenschen schrieben einen rührenden Abschiedstext. Darin erzählen sie vom unvergesslichen Kommunikationstalent des jungen Herrn. Sie verabschieden sich mit den Worten:

»*Vitos Seele hat sich heute Nacht auf eine neue Reise begeben. Sie führt über den Regenbogen.*« – Komm gut an, junger Mann!

KAPITEL 10

Post für den Beagle: Wo bleiben die Starallüren?

Es ist schön, Post zu bekommen. Vor allem dann, wenn darin etwa ein neues Zuhause für einen »zu lebhaften« Beagle gesucht wird. Daria wollte spontan antworten, unsere Adresse sei die ideale neue Bleibe für diesen Herbergsuchenden. Aber mir kommt kein zweiter Hund ins Haus (und diesmal meine ich es ernster als beim ersten).

Also hat Daria den »zu lebhaften« Beagle mit unseren Freunden verkuppelt und sich so die größte Freude gemacht: Eine Freundin und Verbündete zu haben, die ebenfalls vier kurze Beine, zwei lange Ohren und einen Dickschädel hat, kann in der täglichen Auseinandersetzung mit den begriffsstutzigen Zweibeinern äußerst hilfreich sein.

Doch wir bekommen auch andere Post: Mahnende Worte vom Bürgermeister, der zwischendurch offensichtlich seine Faschingsnarrenkappe hervorgekramt und sein ernstes Schreiben mit kabarettistischen Einlagen gespickt hat. Anfragen von Lesern, ob Daria als Geburtstagsüberraschung auftreten möchte. Oder Briefe von Denkern, die uns wissen lassen, dass sie

– frei nach Gorki – lieber einen Hund streicheln oder einem Affen zunicken, als mit manchen Menschen zu sprechen.

Daria und ich freuen uns über jeden Brief. Und wenn wir uns über die Antwort einigen können, schreiben wir auch zurück.

Eine Freundin für Daria

Bei aller Liebe. Sympathiekundgebungen von Zweibeinern sind jederzeit willkommen (allen voran jene, die
zum Verzehr geeignet sind). Doch grundsätzlich ist der
Beagle am liebsten unter seinesgleichen. Da aber die
Beagle-Party des Jahres – das Großfamilientreffen von
Darias Verwandtschaft – nur einmal alle zwölf Monate
stattfindet, nahm Daria die Sache selbst in die Hand
und verkuppelte sich – über ihre Zeitungskolumne –
mit ihrer neuen besten Freundin.

Eines Tages befand sich unter den E-Mails an Daria
und mich der Hilferuf einer Frau:

»*Als der Hund meiner Mutter vergangenes Jahr im
Alter von 13 Jahren starb, bekam sie eine Beagle-Hündin,
Anna, jetzt 16 Monate alt. Doch Anna ist für meine Mut-
ter einfach zu lebhaft. Meine Mutter hat noch nie einen
Hund hergegeben. Aber in diesem Fall wäre es wohl für
alle das Beste. Wüssten Sie vielleicht eine Familie für
Anna?*«

Ich las Daria die Nachricht vor. Sie lag eingerollt in
meinen Kniekehlen und tat so, als würde sie schlafen.
Aber an einer bestimmten Stelle spitzte sie die Schlappohren. ZU LEBHAFT? Perfekt! Eine bessere beste
Freundin kann man sich nicht wünschen. Her mit ihr!

Selbstverständlich wussten wir sofort eine Familie
mit großem Garten, vier hundeverrückten Kindern,

einem endlos geduldigen Vater und einer wunderbaren Mutter, die von Kindheit an eine Schwäche für Beagles hat. Und diese Familie wohnt – rein zufällig – ganz in unserer Nähe …

Wir antworteten umgehend. Annas Frauchen und die von uns erkorene »Adoptivfamilie« fanden Gefallen aneinander. Anna durfte zu einem »Probewochenende« kommen.

Danach musste Annas Frauchen schweren Herzens einsehen, dass es kein Zurück gab: Anna war glücklich. Und ist es bis heute.

Sie hat jetzt vier Menschenkinder um sich, die mit ihr spielen und toben und die sie nachts – wenn die Eltern längst schlafen – heimlich unter ihre Decke kriechen lassen. Sie buddelt Löcher und wälzt sich am Donauufer selig im Schlamm, während die Kinder segeln. Sie trifft ihre Freundin Daria und rennt mit ihr um die Wette. Und an manchen Abenden ist sie so müde, dass ihre neuen Zweibeiner sie liebevoll auf den Arm nehmen und raustragen, wenn sie nochmal rausmuss.

Anna geht es gut. Gut gemacht, Daria!

Urlaub in Stereoqualität

Was wünscht sich ein Beagle? Einen zweiten Beagle. Aber dazu kommen wir gleich.

Bevor der eigentliche Text dieses Kapitels beginnt, hier noch ein Hinweis in eigener Sache: Lieber Sohn, liebe Tochter, falls ihr das hier lest, nehmt es bitte nicht zum Anlass, mir die Frage nach einem Zweit-Beagle erneut zu stellen. Es bleibt beim NEIN.

Daria hängt teilnahmslos auf der Sonnenliege und ist für keinen Spaß zu haben. Macht sie die Hitze apathisch, oder vermisst sie ihre Freundin Anna? Am Attersee waren die beiden Beagle-Damen jeden Tag ein Team. Urlaub mit einer Gleichgesinnten ist für Daria doppelt schön. Das hat Stereoqualität.

Anna und Daria benahmen sich wie die Synchronschwimmerinnen: stets in dieselbe Richtung gehend, schauend, bellend. Ok, den Synchronschwimmerinnen-Vergleich ziehe ich jetzt schnell zurück. Denn einerseits verbellen Synchronschwimmerinnen nie ihre

Konkurrenz im Chor. Und andererseits wird die wasserscheue Daria nie im Leben eine Schwimmerin. Wenn Anna in den See ging, blieb Daria am Ufer. Auch bei 38 Grad. Schwimmen war die einzige Tätigkeit, die sie nicht synchron absolvierten.

Besonders süß sahen sie aus, als sie nebeneinander auf dem Gehsteig lagen und lauerten, ob vielleicht eines der fliegenden Schnitzel, die zwischen Hotelküche und Gastgarten über die Straße getragen wurden, vom Teller fiele.

Oder als sie am Steg lagen, ihren Lieblingskindern beim Segeln und Wasserskifahren zuschauten und ihnen dabei synchron die Augen zufielen.

Wenn einmal nur eine der beiden zu sehen war, spielten die anderen Urlaubsgäste mit ihren Kindern das Ratespiel: »Welcher Beagle ist das jetzt?«

Daria und Anna fühlten sich pudelwohl. Okay, den Pudel-Vergleich ziehe ich ebenso schnell zurück. Denn nennt man einen Beagle Pudel, wird er böse. Und nennt man zwei Beagles Pudel, sollte man sich in Sicherheit bringen.

Und jetzt liegt Daria auf der Sonnenliege und schaut so beleidigt, als hätten wir ihr Lieblingsspielzeug versteckt. Zeit für einen Zweithund? Nein, Zeit, bald wieder mit der besten Freundin auf Urlaub zu fahren.

Markenname oder Einzelstück?

Halloween war noch weit. Dennoch lief eine Frau im langen schwarzen Mantel auf uns zu und rief: »Jetzt entkommen Sie mir nicht mehr!«

Eine Sekte? Eine unbezahlte Rechnung? Der Mann und ich duckten uns intuitiv und legten den Retourgang ein. Daria lief weiter, direkt auf die Schwarzmanteldame zu. Diese ignorierte uns, beugte sich zu Daria hinunter und streichelte sie. Wir traten staunend näher. Die Frau schaute mir genau in die Augen: »Ich sage nur eines: D-A-R-I-A!« Sie habe den Hund aus der Zeitung sofort erkannt, leugnen sei zwecklos.

Da es sich nur um eine vorübergehende Festnahme zu Streichelzwecken handelte, unternahmen wir keine weiteren Fluchtversuche. Und Daria freute sich.

Sie kennt das mittlerweile. Im Wald erklären uns Spaziergänger: »Wissen Sie, dass Sie genau so einen

Hund haben wie der aus der Zeitung?« Auf der Berghütte ertönt schallendes Gelächter mit »Daria!«-Anfeuerungsrufen, wenn der unmögliche Hund auf eine Bank springt, um an die Essensreste der Wanderer heranzukommen.

Und einmal gingen Daria und ich über die Mariahilfer Straße. Hinter uns zwei Frauen. Plötzlich sagt eine der beiden: »Schau, eine Daria!« Und die andere erwidert: »Ja! Schaut genau so aus.«

Wir bogen ab, und Daria sah mich fassungslos an: »EINE Daria? Wieso? Gibt es mehrere?« Ich erklärte ihr, dass die Frauen ihren Namen offensichtlich stellvertretend für alle Beagles verwenden.

Da wurde sie böse. »Für alle Beagles? Wo kämen wir da hin?«

Ich versuchte, ihr zu vermitteln, dass das eine Ehre sei: »Viele Menschen sagen zu jedem Klebestreifen Tixo. Oder zu jeder Suppenwürze Maggi. Oder zu jedem Tampon OB. Das sind Markennamen, die stellvertretend für ein Produkt stehen. Also freu dich gefälligst. Du bist jetzt eine Marke und stehst für das Produkt Beagle.«

Die Dackelfalten auf der Beaglestirn verdichteten sich: »Ich stehe für gar nichts. Ich bin ein Einzelstück.« »Ich weiß«, lachte ich, »du bist sogar so einzigartig, dass manche Menschen an deiner Existenz zweifeln.«

»Was soll das jetzt wieder?«, knurrte sie mich an. Da musste ich ihr gestehen, dass vor Kurzem eine Leserin folgende Anfrage gesendet hat: »Gibt es diesen Hund wirklich, oder ist der erfunden?«

Unser Hund hat einen Vogel

Woran Menschen unseren Hund erkennen können? Ganz einfach: Am Vogel (aber dazu später).

Dabei sagen manche Nicht-Hundebesitzer: »Beagle ist Beagle. Die schauen doch alle gleich aus.« Stimmt nicht. Wir würden Daria unter Tausenden erkennen.

Wie das möglich sei, werde ich oft gefragt. Wie sollte das nicht möglich sein? Ein Hundemensch weiß, dass er seinen Lebensabschnittshund unter 100 Vertretern derselben Rasse erkennt. So wie wir unter 100 Menschen im Nu den besten Freund erspähen.

Besondere Kennzeichen? Keine. Daria ist weder Brillenträgerin noch ist sie tätowiert.

Wir reden hier von rein äußerlichen Erkennungszeichen, wohlgemerkt. Und nicht etwa davon, dass sich

Daria unter Tausenden sowieso dadurch verrät, dass sie, wenn sie mich sieht, herbeistürmt, um nachzuriechen, ob noch Reste von dem getrockneten Lammfleisch in meiner Handtasche sind.

Was also sind die Kennzeichen, die Daria von allen anderen Beagles unterscheiden? Auf vielfache Anfrage verrate ich sie hier (auch auf die Gefahr hin, dass wir danach nie wieder inkognito bleiben können, wenn Daria sich schlecht benimmt und ich sie verschämt mit einem Decknamen rufe …).

Man erkennt sie ganz einfach, sagen die Kinder. Denn unser Beagle hat einen Vogel. Und zwar auf dem Rücken: ein weißer Fleck im Fell, den die Kinder als Vogel, der auf einem Ast sitzt, interpretieren.

Zweites Kennzeichen: der Schwanz. Während alle anderen Beagles nur eine weiße Schwanzspitze haben, hat unserer eine weiße Schwanzspitze und ein farbiges Ringerl. Der vorwitzige Kringel in der Fellmaserung brachte Daria schon als Welpe den Kosenamen »Ringelnatz« durch die Züchterin ein. Und wenn die Kinder mit ihr kuscheln, flüstern sie ihr noch heute ins Ohr: »Na, kleiner Ringelnatz …«

Somit ist Daria auf einen Blick erkennbar. Rasse-Experten sehen freilich ganz andere Merkmale: Wir wurden schon auf Darias »perfekte Pigmentierung um die Augen« angesprochen, auf ihre »super Beinlänge«, den »kräftigen Vorbau« und die »nicht zu spitze, nicht zu runde Schnauze«. Uns ist das egal. Wir lieben sie so oder so. Auch wenn sie kurzbeinig, schwachbrüstig und schiefschnauzig wäre.

Treffen mit dem KURIER-Hund

Wo bleiben die Starallüren? Fotoapparate klicken beim Treffen mit einer treuen Leserin. Aber Daria bleibt unbeeindruckt. Mancher Zweibeiner würde an ihrer Stelle auf die Idee kommen, er sei jetzt etwas Besonderes. Daria lässt sich streicheln und füttern, gibt Pfote und ist, wie sie immer ist. Womöglich haben Hunde doch den gefestigteren Charakter.

Alles begann mit der E-Mail eines Lesers, die uns im Urlaub erreichte:

»Seit meine Freundin die allererste Kolumne über Daria gelesen hat, ist es mit dem Sonntagsfrieden in unserem Haushalt zu Ende. Alles wird stehen und liegen gelassen, ehe sie nicht die neuesten News über Daria gelesen hat. Im Urlaub muss der Sonntag-KURIER von Freunden oder Verwandten aufbehalten werden, um lückenlos über Darias Leben Bescheid zu wissen. Da meine Freundin demnächst Geburtstag feiert, eine Frage: Wäre es möglich, dass sie Ihre Beagle-Dame einmal ›zufällig‹ kurz treffen kann?«

Ich hielt das für einen Witz. Aber die Tochter erklärte mir, das sei »kein Scherz, sondern ein klassisches Meet & Greet« und daher eine »echt coole Idee«.

Dann sollte ich der Tochter einen Schiefer aus der Fußsohle ziehen. Zum ersten Mal in elf Jahren schrie sie dabei nicht. Ich fragte sie, wie das denn möglich war. Da erzählte sie mir, sie habe sich diesmal vorgestellt, wenn sie den Schmerz aushalte, bekäme sie ein »Meet & Greet« mit ihrer Lieblingsband. Erst dadurch verstand ich, wie wichtig so ein »Meet & Greet« sein kann – und sagte dem Leser zu.

Der freute sich und führte seine Freundin am Geburtstag unter einem Vorwand zum vereinbarten Treffpunkt. Ich blieb skeptisch und fragte meine Tochter: »Wird sich die Dame nicht eher ein Paar Schuhe zum Geburtstag wünschen, als über unseren Beagle zu stolpern?« – »Nein«, beruhigte sie mich, »die wird's cool finden.«

Und so war es. Daria freute sich über Extra-Streichelportionen und Hundekekse; die Geburtstagsfrau freute sich über Darias Freude; der Leser freute sich über die Freude der Freundin; meine Tochter freute sich, dass sich alle freuten.

Als alles vorüber war, verriet sie mir: »Schön war's. Dabei habe ich am Anfang befürchtet, dass der Mann Daria kaufen und seiner Freundin zum Geburtstag schenken will.«

Post für Daria. DANKE

Der Neid könnte einen fressen: Der Hund bekommt bald mehr Fanpost als Justin Bieber.

Daria bekam sogar einen echten Brief – so etwas gänzlich Unelektronisches, das man angreifen kann – mit Kugelschreiber auf Papier geschrieben von einem knapp zwölfjährigen Mädchen. Johanna schreibt, dass die Geschichten über Daria »ursüß« und die Fotos »auch voll süß« seien, und dass sie ein »Daria-Album« mit allen Zeitungsausschnitten führe.

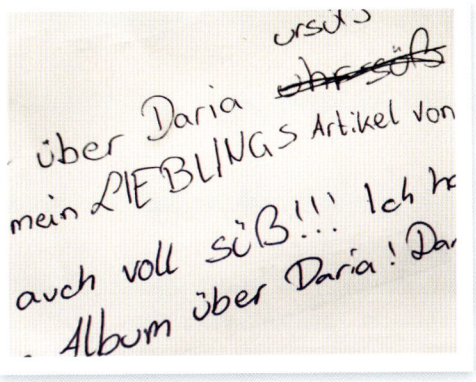

Eine ältere Dame erzählt uns per E-Mail, dass sie sonntags – »noch bevor ich das Teewasser aufstelle!« – zum Zeitungsstand eile, um nachzuschauen, wie es Daria gehe.

Und ein anonymer Leser schreibt knapp: »Sie haben einen Beagle? Nur Mut! Ich wünsche Ihnen ein schönes Leben.«

Besonders berührend fanden wir die Geschichte, die uns ein Ehepaar an einem verregneten Sonntag mailte: »Leider mussten wir unseren Vierpfoter Brucie vorige Woche wegen einer schweren Krebserkrankung gehen lassen. In unseren Herzen herrscht die gleiche Gemütsstimmung wie beim Wetter: grau in grau, trübe. Der Bericht über Daria hat uns soeben ein spontanes Lachen entlockt, das uns selbst überrascht hat … eine Besserung unserer Gemütsstimmung ist offenbar in Sicht.«

Und ein namhafter Mann aus der Werbebranche erklärt seine Freude über die Daria-Kolumne mit einem Zitat von Maxim Gorki:

»Nach manchen Gesprächen mit einem Menschen hat man das Verlangen, einen Hund zu streicheln, einem Affen zuzunicken und vor einem Elefanten den Hut zu ziehen.«

… und wir ziehen den Hut vor all den Leserinnen und Lesern, die sich die Mühe machen, uns zu schreiben. In diesem Sinne: DANKE. Und sollte einmal ein Brief oder eine E-Mail unbeantwortet bleiben, bitten wir vielmals um Entschuldigung. Wir lesen jede Nachricht, wir freuen uns darüber und – jetzt müssen wir dringend raus in den Wald. Daria fiept mir gerade zu, dass das Wetter viel zu schön und das Leben viel zu kurz ist, um hier noch länger …

POST AN:

beagle.daria@inode.at